北京市社会科学界联合会、北京市哲学社会科学规划办公室项目

北京社科青年学者文库

艾伦·格沃斯道德哲学研究

The Moral Philosophy of Alan Gewirth

王小伟 著

中国人民大学出版社
·北京·

《北京社科青年学者文库》编委会

顾　　　问：邓小南、陈平原、白暴力、谢地坤、黄泰岩
主　　　任：张才雄
常务副主任：杨志俊、谢富胜
副　主　任：刘亦文、李开龙、王玮、徐莉
编　　　委（以姓氏笔画为序）：
　　　　　　卜宪群、王一川、王广州、田海平、朱旭东、李曦辉
　　　　　　杨生平、吴晓东、张宝秀、张　翼、赵长才、郝立新
　　　　　　莫纪宏、寇　彧、隋　岩
项目统筹：李晓华、陈松涛

出版说明

"青年强，则国家强。"

"未来属于青年，希望寄予青年。"

——习总书记的讲话语重心长。

青年"好像早晨八九点钟的太阳"，是民族的希望、祖国的明天、各行各业的未来，哲学社会科学界亦然。

2016年，习近平总书记在哲学社会科学工作座谈会上指出，要实施哲学社会科学人才工程，着力发现、培养、集聚一批年富力强、锐意进取的中青年学术骨干。为贯彻习近平总书记系列重要讲话精神，呈现和展示青年社科学者的优秀研究成果，并以此发现和培养青年社科学术骨干，扶持和助力青年学者成长，北京市社会科学界联合会、北京市哲学社会科学规划办公室策划设立《北京社科青年学者文库》。

该文库设计为开放性丛书，萃集北京地区高校和社科研究机构45岁以下青年学者的优秀学术专著和博士论文，由北京市社会科学理论著作出版基金予以出版资助、中国人民大学出版社出版。

希望该文库能为北京青年社科学者的学术发轫和进步做出有益的贡献。

编委会
2024年3月

序　言

基于实践性自我理解的道德哲学：艾伦·格沃斯的哲学理论
马库斯·杜威尔

当王小伟博士说他想要我为他的新书《艾伦·格沃斯道德哲学研究》撰写序言时，我内心满怀热忱。在我看来，格沃斯的确是一位杰出的道德哲学家，其工作在伦理学和政治哲学历史上举足轻重。这本书将给浸染在丰富中国哲学传统中的学者们，提供一个进入格沃斯道德哲学世界的导读。我非常期待这一工作能够推动别开生面的跨文化哲学对话。王小伟博士在我的指导下于乌得勒支大学撰写博士论文时就研究了格沃斯。在此过程中，因为格沃斯的道德理论特别适合用来考察应用伦理学问题，所以他的道德哲学成了一个具体的研究对象。对于格沃斯来说，道德哲学的中心议题在于考察人何以能过上自洽的生活。得知王小伟博士要撰写有关格沃斯道德哲学的专著，我感到非常兴奋。我很乐意为此写一个简短的序言，并扼要地概述为什么我认为格沃斯应该受到特别关注。

一、谁是艾伦·格沃斯？

艾伦·格沃斯（Alan Gewirth，1912—2004）自 1947 年以来一直在芝加哥大学任教。他早期专门研究哲学史。其所特别考察的两个主要人物是帕多瓦的马西利乌斯和 17 世纪哲学家笛卡儿。帕多瓦的马西利乌斯是中世纪自然法传统的重要人物，一些历史学家认为他是讨论现代国家概念的第一位思想家，而格沃斯则是第一个将帕多瓦的马西利乌斯的巨著《和平的保卫者》(Defensor Pacis) 翻译成现代欧洲语言，并撰写了相关专著的人。格沃斯还写过两篇专门重建笛卡儿先验论证的长篇论文。这两个贡献都十分重要。自1960年以来，他发表了大量有关道德哲学基本问题，以及人权概念和应用的文章。这些研究促成了他完成1978年出版的巨著《理性与道德》(Reason and Morality)。这本书堪称道德哲学经典书目。1982年，他以人权为题发表了一系列文章，并于1996年出版了《权利的社群》(The Community of Rights) 一书，介绍了如何才能妥善组织一个社群共同体的思路。格沃斯在书中强调权利主体而非原子化的个体才是构成一个社群的真正基础。1998年，他出版了《自我实现》(Self-fulfillment) 一书，随后他试图在全球化背景下专门讨论人权问题。可惜，直到他2004年去世时，他关于人权问题讨论的书也未能完成。在他的许多著作中，我想特别强调他在1974年发表在《不列颠百科全书（第15版）》上的《伦理》("Ethics") 一文，这篇文章值得大家一看。有关格沃斯的大量论著请参阅王小伟博士书后所罗列的参考书目。格沃斯曾经担任过许多重要职位，例如美国政治和法律哲学学会主席等。自1991年以来，杜伦大学教授、乌得勒支大学客座教授德里克·贝勒费尔德 (Deryck Beyleveld) 撰写了一系列文章捍卫、评估乃至重构格沃斯的道德哲学 (Beyleveld, 1992)。德国波鸿大学教授克劳斯·施泰格勒德尔 (Klaus Steigleder) 也于1999年出版了一部有关格沃斯的德语专著 (Steigleder, 1999)。

二、格沃斯的道德方法论

格沃斯的道德论证使用了一套特定的方法论，这一方法论有久远的哲学史渊源，并在像伊曼努尔·康德这样的哲学家的工作中起到过核心作用。即使在西方思想史之外，也可以经常找到类似方法论。在这一方法论的框架下，道德推理不以任何特定的价值为前提，不以特定的直觉为依据，当然也不以任何神圣的诫命为依据。格沃斯的发问方式很独特，他不问我们实际上接受了哪些价值，而问如果我们要前后一致地构建自我，那么我们必然会做出什么样的规范性承诺。也就是说，我们追问"自我"成为可能的前提是什么，有哪些必要的认知维度构成"自我"（主体性）。

一般情况下，我们根据经验证据形成信念。当然，在生活中我们也相信一些我们无法获得经验证据的事情，但这并不意味着当我们形成信念时，我们的理由是任性的，是找不到必要性的。因此，问题的关键在于找到那些理解任何事物所必须预设的信念。我们之所以能够理解事物，是因为我们能够形成判断，比如说"草是绿色的""杀人是错误的"或"北京烤鸭很美味"等等。就命题而言，就"草是绿色的"和"我相信草是绿色的"这两个判断，格沃斯称前者为断言判断，这个判断的形式是：S是P。后者被格沃斯称为辩证性判断，其形式是：A相信S是P。关于前者的必然性已经有不少讨论，但格沃斯想问的是，是否存在一些判断在后一种意义上有必然性。格沃斯试图表明，对于每个能动者（主体）而言，的确有辩证性必要的具体承诺存在。在他看来，不管我们持有何种具体目的、何种信仰、何种价值，我们都要接受这些承诺对我们意志的绝对规范性。

扼要地说，格沃斯的思路大致如下：不管我们有什么具体目的，每个能动者都必然相信自己的行动是有目的的，而且认为这个目的是善的。这当然不意味着这些目的事实上是好的，它仅意味着能动者从第一人称视角出发，必须将其视为善的，否则它就不可能成为能动者的目的。如果你必须将自己的目的视为善的，那么你必然也要分析地将实现这些目的所必需的手段看作善的。也就是说，如果我要追求特定的目的，那我也就必然追求实现特定目的的特定手段。我们知道，有些手段是实现特定目的所必需的。比方说，如果我想当一名出色的哲学家，练习钢琴就不是必要手段，大量阅读才是。而有些手段不仅对实现特定目的来说是必需的，而且是实现任何目的的最一般的必要条件。这些手段都是基本善，于我们来说可能包含基本的健康、安全的环境等。例如有衣蔽体，有瓦遮身，有书可读，甚至在特定的文明阶段有网可上，等等。这些手段是我们能够实现任何目的的基本前提，没有它们，我们很难想象自己在现代社会如何生存。如果缺衣少食，那么无论是成为哲学家还是钢琴家都是不可想象的。

值得强调的是，格沃斯并不是要发展一种基本需求理论。在基本需求理论中，似乎有一个独立的观察者，从类似上帝的外部的视角来分析人的基本需求是什么。格沃斯的视角始终是内在的，他认为"我"从第一人称视角出发，作为一个能动者必须去追求基本善，因为基本善是实现任一具体目的的必要前提条件。无论"我"是想谋生、吃北京烤鸭、学习宇宙论还是成为一名木匠，没有基本善都无从谈起。重申一遍，格沃斯没有持一个道德实在论立场，他仅仅想说，从第一人称视角来看，无论"我"追求什么目标，基本善对"我"来说都是必需的。这里需要注意，"我"之所以必然需要这些基本善，并非因为"我"从生物学或心理学的角度需要它们，这不是格沃斯讨论的焦点。真正的关键在于，如果"我"否认欲求基本善，那么"我"将无法合乎逻辑地把自己理解为能动者。诚然，作为人，我们对基本善的需要是有生理和心理基础的。但是，如果未来人的生理和心理结构与今天大为不同，那么基本善的具体经验内容当然会发生变化。但是，对基本善的必要欲求本身是分析的，是不变的。如果"我"还将自己看成能动者，即一个有目的的行为者，"我"就必然要认识到设定任何目的都必然要求我欲求基本善，否则"我"就干脆放弃将自己看作一个能动者。这一必要性是能动者内在辩证慎思的结果，因此是辩证必要性。

考虑到现实生活中基本善可能随时被剥夺，如果一个能动者辩证必要地欲求基本善，那么从他/她的内在视角出发，他/她必然也欲求别人不来干涉自己获取基本善。正因如此，他/她必然要求他人承担不干涉的义务，这是从他/她的内在视角出发进行的有效推论。进一步，一个能动者认识到自己必须辩证必要地欲求基本善，根据逻辑普遍性原则，他/她也会认识到其他主体也辩证必要地欲求基本善。格沃斯因此认为所有能动者都必然会认同一个一般一致性原则，这一原则要求我们尊重所有人的基本善，包括基本自由和基本福利权，否则就会陷入一种自相矛盾之中。所有政治权力都需要以保障人的基本自由和福利为前提，否则即为非法。我在这里对格沃斯论证的重构是概略性的，以期抛砖引玉。要想细致地理解格沃斯讨论的技术细节，你需要看完这本书。在这篇序言里，请允许我再特别介绍一下格沃斯道德哲学的几个特点。

三、辩证必要性：一种独特的伦理学方法

从某种意义上讲，格沃斯的工作和一般的结果主义伦理学的考察思路相去甚远。格沃斯并没有捍卫一种结果主义理论，因为他仍然坚信有绝对律令/定言律令，并且在此基础上发展出了一套权利理论。但是一般的义务论框架也不能涵盖格沃斯的讨论。义务论完全不考虑结果，但格沃斯的道德责任，却是在考虑行为结果是否会对人的权利造成影响之上引申出来的。当然，针对义务论和结果论的这种区分本身很粗糙，其正当性也存疑。按照这种区分，格沃斯的理论显然与这两种传统都不太一样。实际上，格沃斯的工作和道德哲学史结合紧密。首先，和亚里士多德类似，格沃斯的分析从能动者的视角和他/她的承诺出发。在一定程度上，他发展了一套有关"善"的理论，这一理论着眼于考察人最为核心的基本能力是什么。另外，格沃斯在一定程度上从帕多瓦的马西利乌斯身上受到了中世纪自然法传统的影响。帕多瓦的马西利乌斯着眼于考察国家捍卫和平和公民自由的功能，格沃斯在对一般一致性原则的直接和间接应用中专门考察了政府的合法性和必要性问题。格沃斯和康德的工作也有很多共通之处。和康德一样，格沃斯认为道德承诺对意志有绝对的规范性，更重要的是，他们都认为这种绝对必要的规范性只能从我们对道德承诺的自我反思中获得。即如果我们将自己看成理性能动者，那么我们必须认同哪些是这种主体性成为可能的必要前提。虽然格沃斯自己并没有专门写文章比较自己与康德的异同，但实际上他们的理论在有些方面有惊人的相通之处[1]。

另外，格沃斯的辩证必要性方法与罗尔斯的反思平衡法的异同也值得重视。反思平衡法旨在帮助能动者在一些不确定的信念之间寻找一致性。反思平衡法显然不是为了从最高原则中引申出道德规范，就像功利主义所做的那样。当然它也拒斥全盘接受任何一种不确定的信念。反思平衡法旨在通过开放反思，在一些根本性原则之间找到平衡，最终获取一致性。反

---

[1] 关于康德与格沃斯异同的讨论，参见：Deryck Beyleveld and Marcus Düwell, *The Sole Fact of Pure Reason: Kant's Quasi-Ontological Argument for the Categorical Imperative* (Berlin/New York: De Gruyter, 2020).

思平衡法的核心困难在于它所依据的起点是任性的、未经审度的。如果一个社会本身就是不正义的，其根本规则是有问题的，那么虽然反思平衡法能为这个社会中的成员的理性反思找到一致性，但这些根本性规则自身的合法性却无法得到评估。

格沃斯的辩证必要性方法与之不同。虽然与反思平衡法一样，辩证必要性方法也是要在主体内在的辩证慎思中寻找一致性，但与罗尔斯对反思内容的强调不同，格沃斯强调反思者对于自身对反思内容所采取的承诺进行考察。因此，格沃斯的研究方法从根本上具有反身性特点。他不断追问的不仅仅是我们持有什么信念，更是我们是否能够前后一致地持有这样的信念。在我看来，这与康德的讨论一脉相承。当我们把这一方法放到伦理黄金法则的背景下进行考察时，就会注意到它的重要性。黄金法则在不同文化中都很常见，例如儒家说：己所不欲，勿施于人。黄金法则在大部分时间里有用，但有时候却很苍白。如果"我"是一个受虐狂，"我"想被伤害，那么根据黄金法则，"我"是不是就可以伤害别人呢？康德的绝对律令试图在一定程度上改造黄金法则。绝对律令的关键不仅仅在于个人准则一旦普遍化是否会在现实中自我取消，更在于其是否会在主体意志中引起自相矛盾。康德认为，如果我们想检查自己的准则是否是道德原则，我们就要问自己是否意欲（will）将自己的准则看成普遍法。类似地，格沃斯追问"我"所持有的任何信念是否与"我"将自己看成能动者（主体）这一信念有任何冲突之处。如果有冲突，那就没法前后一致地建构自我，因为将自己看成能动者是一切行为的前提，当然也是持有任何具体信念的前提。

四、权利的社群

在辩证必要性方法的基础上，格沃斯发展了他的人权观。首先我要特别指出，西方学者当然不都将人看成孤立的原子人，格沃斯并不认为权利仅仅是为了防止原子人受到侵害。格沃斯认为人与人之间是互相依赖的。在他看来，人们生活在一个权利的社群之中，权利使得人们得以共同生活。从方法论意义上讲，他的理论仍然是从主体的第一人称视角出发的，考虑"我"成为主体的前提条件是什么。通过这种反思，"我"不仅会注意到基本善是自己行动的最一般条件，也会认识到它是每个人的能动性的最一般条件。因此，所有人都有义务去尊重和保障这种条件。就经验层面来说，所有人都需要基本的健康和安全的环境，因而都有义务去保障健康和环境权。同时，格沃斯认为我们不可能仅仅去保障消极权利，即所谓别人不侵犯我自由的权利。他特别强调积极权利，即我们接受帮助和保障的权利。格沃斯认为消极和积极权利彼此相依，互为条件。

过去三十年，大量的学者努力试图将格沃斯的理论贯彻到应用伦理研究中去。一些格沃斯主义者试图在医学伦理、医学法、生命科技等领域使用格沃斯的理论。部分文献可以在本书末的参考书目部分找到。未来我们必然将继续讨论能动性的一般条件在不同文化群体中究竟具体意味着什么。可以想象，其具体内容因不同的历史和文化趣味而可能不尽相同。在这一背景下，本书将会对此做出重要的贡献。格沃斯的理论特别强调人人所必需的、最为基本的能动性条件。在跨文化背景下讨论这些条件，对于应用伦理学考察显然是至关重要的。我们都是有目的的存在者，都珍视自己的目的，也都试图前后一致地理解自我。简洁地说，格沃斯认为"我"如果想要前后一致地获得实践性自我理解，要能合乎逻辑地把自己理解成主体，就必然会认识一些不仅于"我"，也于所有人都一样重要的东西。在格沃斯的语境里，这就是能动性的必要前提条件，即基本善。我想这或许可以作为跨文化对话的一个起点吧！我衷心希望这本书能够最终推动这一跨文化哲学对话。

前　言

2022年3月20日，中共中央办公厅、国务院办公厅印发了《关于加强科技伦理治理的意见》，并发出通知，要求各地区各部门结合实际认真贯彻落实。意见指出："科技伦理是开展科学研究、技术开发等科技活动需要遵循的价值理念和行为规范，是促进科技事业健康发展的重要保障。"[①] 该意见是中国首次在国家层面推出的科技伦理治理指导性文件，标志着我国科技伦理治理体系建设进入了崭新阶段。在此背景下，科技伦理的基础理论研究变得极为重要。美国哲学家艾伦·格沃斯的工作在科技伦理领域的影响甚巨。尤其是在生命伦理学讨论中，其思想经由杜伦大学的德里克·贝勒费尔德和乌得勒支大学的马库斯·杜威尔（Marcus Düwell）的发展，已经成为广为应用的旗帜性应用伦理思路之一。一系列格沃斯思想研究著作相继出版，最为知名的是杜威尔主编的《剑桥人类尊严手册》。在这部著作中，格沃斯的尊严观与儒家尊严观互相映照，成为讨论中心。遗憾的是，国内学界对格沃斯的道德哲学未有系统介绍，其思想散见于一些中文文献里，这与其在国际学界的影响形成鲜明反差（李剑，2004；李建会，王小伟，2017；王小伟，2018；王小伟，李建会，2018）。研究格沃斯的道德哲学对于理解和把握国外科技伦理基础理论显得十分迫切与必要。这对于融汇不同思潮，发展具有中国气派、中国风格的科技伦理思想有重要的现实意义。

---

① 意见全文参考光明网报道：https://m.gmw.cn/baijia/2022-03/20/35599368.html

艾伦·格沃斯是美国知名道德哲学、政治哲学大家，芝加哥大学杰出教授。早在1978年，格沃斯便出版了《理性与道德》一书，针对道德哲学的黄金法则（golden rule）进行了扬弃，提出了自称更具普遍性的道德最高原则：普遍一致性原则（principle of generic consistency, PGC）。该书一经出版，即在学界引起很大反响，批评赞誉之声不绝。杜伦大学教授德里克·贝勒费尔德出版专著《道德的辩证必要性：为格沃斯辩护》(*The Dialectical Necessity of Morality: An Analysis and Defense of Alan Gewirth's Argument to the Principle of Generic Consistency*)，系统回应了相关批评。欧美学界不断有图书问世，专门讨论格沃斯的道德哲学和人权思想（Regis, 1984; Boylan, 1999; Bauhn 2016）。在《理性与道德》之后，格沃斯又相继出版了《权利的社群》和《自我实现》两本著作（Gewirth, 1996; Gewirth, 2009）。这样，格沃斯完成了他从道德哲学（作为个体我们如何自处）到政治哲学（作为群体我们如何相处），直到生活哲学（在个体与群体的关系中个体如何自我实现）的宏大哲学大厦的构建。马库斯·杜威尔教授是一位康德和格沃斯专家，他一直督促我不断阅读格沃斯的著作。杜威尔教授毕业于德国图宾根大学，曾任荷兰乌得勒支大学哲学系教授、伦理学研究中心主任。他还任期刊《伦理理论与道德实践》(*Ethical Theory and Moral Practice*)主编、《伦理视角》(*Ethical Perspective*)编委。他长期以来致力于研究前沿科技所带来的伦理和政策问题。在协助他组织中西比较哲学视野下的人类尊严研究项目时，他就特别指出比较格沃斯的尊严观和儒家尊严观的重要意义。人类尊严研究项目受到欧盟的经费支持，其论文集已由剑桥大学出版社出版。在项目期间，杜威尔教授鼓励并支持我撰写一本有关格沃斯的专著。撰写这本书是一个极富挑战性的工作。在写作过程中，面对与格沃斯相关的海量文献，我常感智穷。好在得到很多同事的大力支持和慷慨鼓励，才使得写作未致中断。

乌得勒支大学访问教授、杜伦大学法学院原院长、格沃斯专家德里克·贝勒费尔德在无数次的组会和私人谈话中激励我思考格沃斯道德哲学。在我写作期间，他的《道德的辩证必要性：为格沃斯辩护》一书是除《理性与道德》之外我最常翻用的词典级专著。贝勒费尔德虽至耄耋，但精力过人,思维敏锐,我们之间进行了多次公开和私下辩论,这时常令我茅塞顿开。近些年来,我一直从事科技哲学研究,专注于考察科技伦理问题。随着研究进一步深入,我愈发感觉到道德哲学研究对推动科技伦理研究深入发展的重要性,这才逐渐回头整理材料,决定写一本有关格沃斯道德哲学的专著。北京师范大学的李建会教授一直在帮助我整理和廓清格沃斯道德哲学,在多方面给予了我热忱的指导和帮助,对于本书第四章的写作,李教授给了很多直接的意见。李教授凭借敏锐的学术嗅觉,多次提及格沃斯的道德论证极具原创性,值得做进一步的介绍和反思。我要特别感谢姚新中教授和几位匿名评委对本书早前版本所提出的建设性意见。最后还要感谢中国人民大学哲学院科学技术哲学教研室刘大椿、刘永谋、刘劲杨、王伯鲁、马建波、滕菲老师对我的大力支持。在中国人民大学工作期间,我得以有精力和时间来完成一本专门研究格沃斯的著作,这是令人激动的事。

在本书中,我将系统地介绍并反思格沃斯的作为一种"实践性自我理解"(practical self-understanding)的道德哲学讨论。所谓实践性自我理解,指的就是人如何将自己的实践活动看成一种能动性的建构过程,也就是人如何将自己统一地理解为主体(能动者)的过程。格沃斯讨论的焦点在于考察人将自己解读为主体这一活动于己而言究竟有什么规范性意味。在他看来,把自己看成主体,也就是看成人,必然会认同有一个道德最高原则,认同这个原则对所有人的意志有普遍有效的规范性。这一论证是非常独特的,有鲜明的风格。

本书共包含三大部分,分别是"格沃斯道德哲学的轮廓""重估格沃斯道德哲学"以及"格沃斯道德哲学的应用"。从第一章到第三章,我针对格沃斯道德哲学的基本思路和论证逻辑做了较为系统的介绍。从第四章到第七章,我针对格沃斯道德哲学进行了批判性评估,旨在更加深入地澄清格沃斯道德哲学的独特之处。从第八章到第十一章,我针对格沃斯道德哲学可能的应用情景进行了延伸讨论。本书的写作是以问题为导向的,每一章都试图解决一个专门的问题。考虑到格沃斯道德哲学的讨论逻辑性很强,论证步骤烦琐而细致,为了方便读者阅读和把握,在不同的章节中我会对其核心论证进行必要的回顾,让读者在阅读特定的章节时仍然能够较为全面地把握格沃斯道德哲学的核心思路，以便充分进入对问题的讨论和解决之中去。

需要指出的是，本书并不想做一次全面翻译的努力，而是试图反思格沃斯道德哲学，并借此更加深入地阐发他的思想。希望这一工作能为我国科技伦理基础理论的研究和建设提供一种新鲜资源。本书的第二章和第三章的部分内容分别发表在了《世界哲学》和《北京师范大学学报（社会科学版）》上，第四章的一小部分内容发表在了《当代中国价值观研究》上。现在能够全面拓展格沃斯研究，将其充实为一本书，是一件令人幸福的事。

目 录

第一部分 格沃斯道德哲学的轮廓

第一章 格沃斯道德哲学的背景 ……………………………… 3
- 一、背景 ……………………………………………………… 3
- 二、道德相对主义：人是万物之尺 ……………………… 5
- 三、对道德基础问题的探讨 ……………………………… 6
- 四、格沃斯的努力 ………………………………………… 12

第二章 基于辩证必要性的格沃斯道德哲学 ……………… 15
- 一、格沃斯道德哲学的目标 ……………………………… 15
- 二、对规范性行为和善的分析 …………………………… 17
- 三、对道德最高原则的辩护 ……………………………… 20
- 四、PGC 作为道德最高原则的特点 ……………………… 22
- 五、结论 …………………………………………………… 25

第三章 能动性与格沃斯道德哲学 ………………………… 26
- 一、背景 …………………………………………………… 27
- 二、能动性与道德原则推论 ……………………………… 28
- 三、能动性与道德的规范性来源 ………………………… 35

四、结论 ………………………………………………………… 38

第二部分　重估格沃斯道德哲学

第四章　比较康德绝对律令与格沃斯的 PGC ……………… 41
　　一、背景 ………………………………………………………… 41
　　二、康德的道德推理 …………………………………………… 42
　　三、PGC 与绝对律令的相似之处 …………………………… 46
　　四、PGC 与绝对律令的不同 ………………………………… 49
　　五、格沃斯 PGC 推论的特点 ………………………………… 55
　　六、结论 ………………………………………………………… 57

第五章　PGC 推论的主体间性问题 ………………………… 58
　　一、背景 ………………………………………………………… 58
　　二、PGC 的主体间性问题 …………………………………… 59
　　三、科斯嘉德私人理性的讨论 ………………………………… 67
　　四、比较格沃斯与科斯嘉德 …………………………………… 78
　　五、结论 ………………………………………………………… 80

第六章　道德原则的命题化讨论 ……………………………… 82
　　一、背景 ………………………………………………………… 82
　　二、逻辑实证主义者的伦理观 ………………………………… 83
　　三、康德道德哲学的命题化 …………………………………… 86
　　四、对 PGC 遵守的命题化陈述 ……………………………… 88
　　五、结论 ………………………………………………………… 91

第七章　"是"与"应当"问题 ……………………………… 93
　　一、背景 ………………………………………………………… 93
　　二、休谟问题的提出 …………………………………………… 94
　　三、普特南和塞尔的工作 ……………………………………… 97
　　四、格沃斯的讨论 ……………………………………………… 100
　　五、对格沃斯"是与应当"推论的批评 ……………………… 109
　　六、结论 ………………………………………………………… 115

第三部分　格沃斯道德哲学的应用

第八章　PGC 的直接和间接应用 ⋯⋯⋯⋯⋯⋯⋯⋯⋯⋯⋯⋯ 119
　一、背景 ⋯⋯⋯⋯⋯⋯⋯⋯⋯⋯⋯⋯⋯⋯⋯⋯⋯⋯⋯⋯⋯⋯ 119
　二、PGC 的直接应用：杀人与救人 ⋯⋯⋯⋯⋯⋯⋯⋯⋯⋯⋯ 120
　三、PGC 的间接应用：刑法和最小政府 ⋯⋯⋯⋯⋯⋯⋯⋯⋯ 126
　四、结论 ⋯⋯⋯⋯⋯⋯⋯⋯⋯⋯⋯⋯⋯⋯⋯⋯⋯⋯⋯⋯⋯⋯ 131

第九章　格沃斯的尊严观 ⋯⋯⋯⋯⋯⋯⋯⋯⋯⋯⋯⋯⋯⋯⋯ 133
　一、背景 ⋯⋯⋯⋯⋯⋯⋯⋯⋯⋯⋯⋯⋯⋯⋯⋯⋯⋯⋯⋯⋯⋯ 133
　二、尊严奠基的困难 ⋯⋯⋯⋯⋯⋯⋯⋯⋯⋯⋯⋯⋯⋯⋯⋯⋯ 135
　三、格沃斯的努力 ⋯⋯⋯⋯⋯⋯⋯⋯⋯⋯⋯⋯⋯⋯⋯⋯⋯⋯ 139
　四、康德和格沃斯的尊严观的异同 ⋯⋯⋯⋯⋯⋯⋯⋯⋯⋯⋯ 144
　五、对格沃斯尊严观的反思 ⋯⋯⋯⋯⋯⋯⋯⋯⋯⋯⋯⋯⋯⋯ 150
　六、结论 ⋯⋯⋯⋯⋯⋯⋯⋯⋯⋯⋯⋯⋯⋯⋯⋯⋯⋯⋯⋯⋯⋯ 152

第十章　格沃斯的权利论 ⋯⋯⋯⋯⋯⋯⋯⋯⋯⋯⋯⋯⋯⋯⋯ 153
　一、背景 ⋯⋯⋯⋯⋯⋯⋯⋯⋯⋯⋯⋯⋯⋯⋯⋯⋯⋯⋯⋯⋯⋯ 153
　二、什么是人权 ⋯⋯⋯⋯⋯⋯⋯⋯⋯⋯⋯⋯⋯⋯⋯⋯⋯⋯⋯ 156
　三、格里芬、罗尔斯与贝茨的人权观 ⋯⋯⋯⋯⋯⋯⋯⋯⋯⋯ 158
　四、格沃斯的人权观 ⋯⋯⋯⋯⋯⋯⋯⋯⋯⋯⋯⋯⋯⋯⋯⋯⋯ 162
　五、麦金太尔的批评 ⋯⋯⋯⋯⋯⋯⋯⋯⋯⋯⋯⋯⋯⋯⋯⋯⋯ 170
　六、结论 ⋯⋯⋯⋯⋯⋯⋯⋯⋯⋯⋯⋯⋯⋯⋯⋯⋯⋯⋯⋯⋯⋯ 181

第十一章　格沃斯道德哲学的未来 ⋯⋯⋯⋯⋯⋯⋯⋯⋯⋯⋯ 183
　一、格沃斯将道德不当还原成了逻辑 ⋯⋯⋯⋯⋯⋯⋯⋯⋯⋯ 184
　二、PGC 是不是空洞的 ⋯⋯⋯⋯⋯⋯⋯⋯⋯⋯⋯⋯⋯⋯⋯⋯ 187
　三、道德激发力问题 ⋯⋯⋯⋯⋯⋯⋯⋯⋯⋯⋯⋯⋯⋯⋯⋯⋯ 188
　四、格沃斯的哲学可以被看作一种能力路径吗 ⋯⋯⋯⋯⋯⋯ 190
　五、格沃斯哲学的未来 ⋯⋯⋯⋯⋯⋯⋯⋯⋯⋯⋯⋯⋯⋯⋯⋯ 192

附录：艾伦·格沃斯（1912—2004），挑战黄金法则的理性伦理学家 ⋯⋯⋯⋯⋯⋯⋯⋯⋯⋯⋯⋯⋯⋯⋯⋯⋯⋯⋯⋯⋯⋯⋯⋯⋯⋯⋯⋯ 197

简写词表 ⋯⋯⋯⋯⋯⋯⋯⋯⋯⋯⋯⋯⋯⋯⋯⋯⋯⋯⋯⋯⋯⋯ 202

参考书目 ⋯⋯⋯⋯⋯⋯⋯⋯⋯⋯⋯⋯⋯⋯⋯⋯⋯⋯⋯⋯⋯⋯ 203

第一部分

格沃斯道德哲学的轮廓

第一章　格沃斯道德哲学的背景

一、背景

道德问题一般有三个突出特点：其一，道德通常为人类所特有。虽然动物看起来也有利他行为，但我们一般不认为这种行为具有道德内涵，而通常将它理解为一种进化需要，将其归为本能的推动。所谓进化需要，是指动物利他行为的出现根本上是出于物种的自我保存，归根结底是自利的（Narvaez and Schore，2014；Dawkins，2016）。因此，动物的利他行为并非自由自愿的选择，而完全是一种生命冲动。只是当这类行为在现象层面呈现给我们时，通过一种拟人解读，我们可以将它"看成"一种道德行为。不过，虽然动物不是道德主体（moral agent），但这并不意味着它不是道德观照的对象，没有任何道德地位（moral status）。

我们通常也不认为机器有道德地位。一般来说，机器常被当作工具，是价值中立的，只有使用工具的主体才有所谓道德地位。虽然技术哲学近来也在讨论人工物的价值属性，但远未达到宣称机器也是道德能动者的地步，它更多关注的是技术人工物的价值敏感性和价值可嵌入性等问题（Latour，2005；Verbeek，2005；Verbeek，2011）。随着人工智能技术的兴起和广泛应用，现代社会的诸多决策是由人和机器协同做出的，仅仅将人当成道德能动者，一旦出现问题，道德追责可能就变得非常棘手。在此背景下，人们开始寻找更加一般的理论，用以别开生面地阐释人机关系，凭此对人工物进行道德考量。但是无论如何，即使在最前沿的人工智能领域，也还远没到和人工物谈道德自律的地步。这样看来，道德常被认为是人类所特有的。

其二，道德往往被当作一切其他活动的合法性前提。例如，科学讨论可以是纯粹认知活动，在符合论真理观下，主要考察现象和理论的符合情况。但在批准科学活动时，就不仅要观照它的真理性，也要考察它的好坏，这就是道德问题了。假如有人研究一种必然会泄漏的超级病毒，这项研究的合法性就会立刻遭到质疑。如果有人要制造酷刑机器（torture machine，例如炮烙之刑），这项技术则应当被禁止，因为它可能被认为负载了不良的价值（Winner，1980；Kroes，2012）。道德问题经常被扼要地还原为善恶问题，是一切其他行为合法性的前提条件。而所谓的非道德问题，则由于其本身是道德无涉的，因此道德并不能直接决定它的适用性。但这并不意味着我们并不对其进行道德考量，恰恰是因为对一切人类活动首先进行道德反思，我们才能准确说明哪些是非道德活动。因此，我们可以说道德是人类一切行为合法性的最基本条件。凡是道德支持的，都应该去做；凡是道德反对的，都当竭力避免；凡是道德无涉的，均为可选。这就是为什么我们常常说道德是一条底线。

其三，道德在常识意义上一般是绝对普遍有效的。当然，有人可能持有一种道德相对主义立场，即使如此，他/她可能也会认同在同一文化圈中，道德律是普遍有效的。这意味着道德律要放之四海而皆准，不是一件私人的事情。如果有一种道德只对"我"有效，对别人无效，而且"我"也没有理由坚持它应该对所有人都一样有效，这个"道德律"就很可疑，因为它丧失了我们通常理解的那种道德性。凡俗道德常识告诉我们，道德规范对所有人有一样的规范性。"不能杀人"意味着"我"和其他所有人一样都不能杀人。但日常道德观本身很粗糙，它一方面告诉我们道德律应该是普遍有效的，另一方面又认同道德陌生人可能秉持不同的道德观。比如，如果亚马孙丛林里有杀死父母的习俗，那么该习俗作为别人历史和传统的一部分，我们似乎也无法对其加以道德谴责。但是这种常识同我们的当代道德实践有很大的出入。联合国《世界人权宣言》里面罗列了很多条目，这些条目都有跨文化的普遍性诉求。可见，道德的普遍有效性诉求与生活经验中的道德相对性的张力亟须得到理论解释。尤其是在全球化的今天，随着人们的交往增多，文化差异和冲突凸显，对道德原则适用性问题的考察因此也变得极其重要。

如果要为以上三个道德常识进行辩护，就需要解决两个层面的问题：第一，道德原则有没有证明的必要和可能？第二，如果有必要、有可能，那么我们可以提供什么样的论证？我们首先来回顾一下道德相对主义的挑战，在此基础上，笔者将引出格沃斯道德哲学有什么独特之处。

二、道德相对主义：人是万物之尺

在全球交往频繁的今天，道德的绝对普遍有效性不断遭到挑战。仔细分析道德律的普遍化和相对化诉求的内在张力，或会发现很多争议并不是道德之争，而是风俗之争。我们日常谈论的道德，可能是风俗。如果我们把风俗通俗地理解为人与人相处的那些规矩，那么这些规矩很大程度上是习俗，受特定文化的调节和影响。而道德一般指的是如何自律，它虽然在客观上受到习俗影响，但是相对来说更加注重个体的自我理解，它与一般的伦常的朝向并不完全一致，显然不仅仅是一种文化习惯（Habermas，2004；Aune，2007）。文化习惯本身在传承时并不要求对其进行理性审查，而往往通过简单模仿，机械地开展。虽然文化习惯和一般的伦常不是道德问题，但其合法性都应该受到道德检视。而最为根本的相对主义则认为道德本身就是相对的，相对的并不仅仅是风俗。不同的文化有不同的所谓道德编码（moral code），不同的人有不同的道德观。

真正的道德相对主义者认为道德包含不可通约的多元原则，这些原则在不同的文化中不尽相同。这种态度是一种元伦理学立场，即相信道德原则从根本上不可通约，且都可能是合法有效的，都能决定特定行为的道德正确性。就道德相对主义而言，普罗塔哥拉明确提出了"人是万物之尺"，他对正义的看法最能体现一种相对主义的立场。我们可以把正义理解为做对城邦有益的事，反之则是不正义的。普罗塔哥拉认为，在一个城邦里被认为正义和可羡慕的行为在另外一个城邦里却不一定如此，这完全取决于特定城邦的习俗，就连作为法律和风俗基础的宗教也是相对的。普罗塔哥拉捍卫常识，认为道德并不高深，不必深究一个稳固的标准，任何人都对道德真理有体会能力，一般人的常识足够解决道德问题了。虽然每个人的道德直觉可能有差异，但是这种差异并不是根本性的，人们之所以遵守道德，完全是因为人们有一种根本性的规范性需要，明确这一点就够了。恰恰是因为大家都接受了一些规范，社会才得以稳定（Zilioli，2016）。

道德相对主义有很多知名的现当代追随者。休谟将道德判断从事实判断中分离出去，认为道德判断不存在真假条件，而是直接诉诸我们的情感（Baillie，2000）。虽然休谟认为有些情感体验是普世的，但对他的工作却大可以做相对主义解读。尼采将道德分为主人之德和奴隶之德。主人之德强调荣耀和权力，奴隶之德则重视同情与善意；强者之德重利弊看结果，弱者之德重善恶看动机；主人之德和奴隶之德统一于权力意志的自我实现（Lukes，1986；Nietzsche，2006）。马克思把道德看成特定历史时期、特定阶级在一定经济基础上的价值反映。

黄百锐则发展出了一套所谓多元相对主义的道德论（Wong，2009）。黄百锐认为，虽然道德是相对的，但我们有一些普世的变量（universal constraint）来决定道德。这些变量的普适性源于它们事关人所共有的本性。在此语境下，道德无非为了助力个人成长和社会繁荣，它必然受到不同传统和地理环境的影响，不同文化对如何实现个人成长和社会繁荣的看法常常不尽相同。黄百锐的努力实际上有点类似于规则功利主义（rule-utilitarianism）对功利主义的修正，他试图建立一个相对普世的价值层级结构，使得道德相对主义立场更加具有韧性（Harsanyi，1977）。很多在国内外声名显赫的西方学者，例如麦金太尔和理查德·罗蒂等人，都被认为持有某种意义上的道德相对主义或有相对主义倾向（Miller，2002；Lutz，2009）。在文化冲突剧烈的今天，道德相对主义尤具吸引力，人们对放之四海而皆准的道德原则的信心正在被不断削弱。

三、对道德基础问题的探讨

如果要回应相对主义的挑战，我们就有必要说明一个普世道德原则的可能。所谓道德是普遍有效的，无非意味着有一些法则对意志有绝对普遍有效的规范性（categorical bindingness）。难点在于解释这种绝对普遍有效的规范性的基础是什么。西方人常引用《马太福音》，言及聪明人立屋于磐石，管它洪水滔天，房屋可岿然不动；要是立屋于沙土，房屋就会被水冲走。道德的律令，如果不是建立在磐石上而是建立在沙土上，当面临复杂的情况时，它就不能有所持守，道德就会败坏。很多时候，社会道德沦丧并不是因为人们不讲道德，而是因为大家都不知道什么是道德，不了解应该坚持什么。如果将道德和习俗混为一谈，以为道德和习俗一样是流变的，就可能导致无所适从。

每个民族都曾面临道德焦虑，而要提振道德信心，通过简单的说教不可能实现。人们并非不知道诚实友善是重要的道德内容，但是他们不清楚究竟诚实友善是为了什么，以及在什么基础上诚实友善是一种可以辩护的信念，对诚实友善的理解止步于直觉。因此，虽然这些价值在别人和社会眼中是好的，但别人和社会建构起来的"好价值"常常给人带来一种压力而非动力。"道德"造成对人的祛权而非赋权，它对主体而言缺乏道德激发力。因此，道德作为一种规矩，常常被理解成一种强迫。严厉的说教甚至会招致道德反感和叛逆，因为它拒绝了人们对道德规范性来源的追问，压制了自由，剥夺了人的实践性自我理解的可能。什么可作为道德的根基呢？换句话说，什么是永恒的、普遍有效的，且是善的东西，并且以此可引申出对意志产生普遍有效的规范性的原则呢？放眼四周，很难找到这样的东西。一切感官性的善都是可朽的，它们以生命为前提，而生命是有限的，这是人和其他一些有机体的根本宿命。就这一点来讲，似乎有一个例外，那就是幸福。我们可以说追求人类的幸福这一诉求是永恒的、普遍有效的，且是善的，并因此持一个美德伦理学的立场。

美德伦理学本来在19世纪已经颇受冷遇，但在20世纪50年代的英美哲学界却有明显的复兴之势（Anscombe，1958）。美德是人的一种道德品格（moral character），与功利主义者将道德理解为能够最大化功利、义务论者将道德理解为出于对义务的尊重而行动不同，美德伦理学认为一种行为之所以是道德的，恰恰是因为它出于一种道德品格的要求（Watson，1990）。例如，"撒谎是不对的"对功利主义者来说是因为它可能会导致社会福利水平的整体下降，而对义务论者来说是因为撒谎违反了诚实的义务，美德伦理学者则认为撒谎破坏了诚实的品格。在亚里士多德那里，美德伦理学有三个核心概念，分别是美德、实践智慧和幸福（eudaimonia），这三者互相依存，不可分割。首先，美德是一种品格特点，有习惯和认知双重维度。拥有美德的人可以习惯性地为善，但这不仅仅是一种无意识的行动，美德也是一种复杂的理智状态，它能够帮助我们考察具体的情况，对特定的事实做规范性解读，形成理由并照此行动。很显然，美德需要实践，只有实践出来的美德才是美德，仅仅有善良的动机是不够的。爱人的美德要求我们不仅理解什么是爱人，而且能够在现实中真正实现它。这要求我们知道爱与溺爱的区别。其次，假如我们将爱人理解为让他人受益，我们也必须获得可以真实地有益于别人的知识，不能简单将自己的意志强加于人。践行美德所需要的这种能力就是实践智慧。最后，幸福的概念在美德伦理学中的地位至关重要。幸福指的不是简单的物欲满足，它指理性存在者的一种自我实现与繁荣，是值得追求并应当追求的。可见，幸福是美德伦理学所依靠的基础性规范概念，美德的价值在于它能够促成幸福。

美德伦理学仍然有很多棘手的问题没有解决。首先，关于哪种品格属于美德并没有明确的清单。其次，美德之间互相依存，没法单独谈论一条而忽视另外一条，梳理美德之间的关系本身十分繁难。最后，实践智慧概念常常堕入空洞，它究竟是一种天分还是后天习得的引起了争论。最为核心的困难是，当我们问为什么美德重要时，美德伦理学者常常会说因为有德行的生活可以促成幸福。但是，什么是幸福呢？幸福为什么有道德意义呢？美德与幸福的关系究竟是怎么样的呢？美德是幸福的充分必要条件吗？这些根本性问题引起了经久不衰的讨论（Annas，1993）。美德伦理学还没有就作为道德根基的幸福的规范性从何而来做有力的说明。

解决道德规范性来源这一基本问题的一种办法是诉诸一种神学。基督教神学通过对上帝本性的分析，对道德规范性来源问题进行了系统回答。上帝是全知、全能、全善的，这对应着道德的认识、实践和伦理三个维度。因此，神的话语（divine command）是永恒的真理，最适合做道德的根基。在神令论者看来，神所要求的一切都是道德上对的，反之则是错的，神令未曾明确说明的则是可选的（Timmons，2012；Quinn，2013）。摩西的"十诫"是和神立定的约，所以不许杀人就是一个神令，神令本身的普遍有效性来自上帝的权威。只要你信仰基督教，这个神令论的逻辑对你而言就讲得通。但是神令论面临内外两重挑战。一重挑战是，世界上不是只有一个基督教，还有其他一神教和多神教，不同宗教的神令不一定可以通约；即使在一个宗教内部，也可能教派林立，不同教派对经典的阐释可能不尽相同。另一重挑战是，对无神论的社会主义者来说，就更没有什么道理接受神令论的逻辑了。

功利主义道德哲学试图将人类最一般的需要作为规范性来源，将道德最高原则理解为能够最大限度地满足这种需要的原则。其中，愉悦（pleasure）是一个核心词。它或者指一般肉体上或精神上的愉悦，或者是两者的结合。道德的根本要求是最大化这种愉悦。一种行为如果符合这个要求就是道德上批准的，否则就是禁止的；如果该要求对特定行为不置可否，该行为就是可选的（Mill，2016）。功利主义道德哲学同样面临不少困难。其中最为主要的有两点：一是该理论在实践中可能苛求道德主体。功利主义者总是预设道德主体是精于计算的理性人。他/她能够考量自己行为的诸多可能，预知它们的结果，并在充分知情的基础上做出理性决策。在实践中，满足这一要求对即使受过良好教育的人来说也是困难的。换句话说，遵守道德成了文化人的奢侈品。普通人因为不具备形成和权衡选项的能力，很难去谈道德。二是功利主义道德哲学还要求每个人脱离其特定情境，按照抽象的标准去行事，这实际上有悖于人情世故。按照功利主义原则，一对父母应该像关怀自己的孩子那样去关怀别人的孩子，反之亦然（Singer，1972），这的确是很难做到的。在这一点上，功利主义原则与儒家的差等之爱形成了鲜明对比。

另外一个重要挑战事关功利的可比较性问题。杀掉一个无辜的农民，用他的肝脏救活爱因斯坦，我们做不做？就人类知识进步和文明积累而言，爱因斯坦或许比一个农民对社会贡献大。按照功利最大化原则，我们会去做这个手术。但若将人的生命作为功利考察的起点，那么人人都只有一次生命，我们没有当然之理去做这样的手术。在极端情况下，如果诛一无辜而能救天下，那么功利主义者去不去做？功利主义者的选择在此常常会直接违背我们的道德直觉，可能导致多数人暴政，令人感觉不满。虽然后来所谓的规则功利主义旨在消除这些诘难（Harsanyi，1977），但从总体上来说，规则功利主义仍有很多疑难之处。在很多情况下，我们并不明确地知道究竟何种善应当被当作功利计算的对象，无论如何选择看起来都是独断的。很多时候，我们可能发现基本善不是唯一的，也没法彼此通约。例如，有人觉得信仰的宁静与肉体的愉悦之间没有可比性，更无法彼此还原。最重要的是，功利主义推理始终存在一个方法论困境，即从一般的经验善（比如愉悦），引申出了一个道德最高原则。肉体的愉悦是令人愉快的，这从逻辑上并不能直接推导出最大化这种愉快就是道德的，反之就是不道德或非道德的。也就是说，功利主义并没能充分地解决"是与应当"（is-ought）的困境。

与之相对，以康德道德哲学为代表的义务论传统在一定程度上能够超越功利主义的困境。康德认为，决定一个行为是否道德的，并不是它所招致的结果，而是它所遵守的原则。这个思路有两个好处。一是它有确定性，一旦原则确定之后，行为只要参考原则就可以了。不像功利主义道德哲学，总是要在不同情境下考虑诸多可能的结果，并对多种选项进行权衡。二是它对道德主体的理性能力和经验阅历要求并不高，你不需要人情练达也能轻松做道德决策。康德为建立这样的原则主义提供了极为精彩的思路。他认为承认有道德，也就是承认有对意志产生绝对普遍有效规范性的原则，这个原则就是绝对律令（categorical imperative，CI）。绝对律令绝对不能从经验目的中引申出来，相反，一切经验目的欲求都要以道德目的为前提。例如，身体健康是值得追求的，但一个杀人魔的健康状况则最好很差。对康德来讲，理性就是可以做道德高屋地基的磐石，经验则是随水流转的沙土。如果任何经验目的都不能作为道德推理的基础，那么一个行为的原则仅剩下法的普遍性和对意志的绝对规范性，这就是绝对律令："总是按照你同时也能意欲它变成一条普遍法的准则去行动"（Kant，et al.，2011）。

康德的尝试对后世影响很大，他说明了道德原则的普遍有效性来自实践理性的自我立法。法就是普遍有效的，而自由意志自己给自己立法，因此也是自由的。康德道德哲学主要面临以下挑战：它过于形式化，这导致了两个后果。首先，形式化原则无法给人提供更多的经验内容，在指导道德实践时显得很空洞（Hegel，2015）。其次，形式化的努力欠缺一个更加细致的理论来说明责任如何给道德行为提供动机，我们一般不太能理解为什么要为形式而形式（Korsgaard，1986）。一言以蔽之，康德的绝对律令其实就是纯粹实践理性,他的道德哲学的规范性基础实际上来自他对绝对善良意志的悬设。一个绝对的、无条件且自在的善良意志才可以为道德奠基,这个绝对善良的意志就是自由理性的意志(free rational will)。康德进入了他的形而上学来讨论这样一种意志如何是可能的。

除了这些经典讨论,近年来能力理论也在国内外受到广泛关注。能力理论可以追溯到亚当·斯密、马克思和亚里士多德关于人生质量的讨论(Sen,1990)。虽然国际学界对是否存在一种能力"主义"尚存争议,但这一思路作为一个伦理学路径毫无疑问推进了伦理研究的发展。笼统地说,能力路径特别强调人借以谋求福利的基本自由。这种自由不能被理解为一般意义上的消极或积极自由,它是一种真实可操作的机会,人们需要凭此来决定做什么或成为什么。因此,能力理论的重心不在于创造一种平均意义上的福利分配,而在于从根本上保证人的能动性,即人之为人的那种自决的人生,因此特别强调自由的重要性。比如说一位父亲每次都给女儿提供四种口味的饼干 A、B、C、D,每次女儿都选择 A。如果父亲直接给女儿 A,那么虽然看起来女儿的福利没有减少,但实际上她被剥夺了选择的机会。在此过程中,女儿从一个有选择的人变成一个无选择的人,她是被亏欠的。

假如女儿对选择无所谓,非常希望父亲能够直接给她 A,在这种情况下给予她四种选择就会徒增其烦恼,选择变成了负担。因此,就女儿来说,按照她珍视的人生去安排饼干的给予方式是比较合理的。但是程序性的自由,即她可以选择被提供四种口味还是一种口味的自由一定要从根本上得到保障,否则她就完全丧失了发展任何具体能力的可能。目前来看,能力路径的重心并不在于为道德奠基,即研究道德最高原则如何证明,其讨论集中围绕于伦理实践的政策意义,即如何设计一个公正的社会制度,使得人能获得实现自我的基本条件。其伦理慎思过程常常包括:(1)评估一个人的福利情况;(2)评价对人的福利造成直接或间接影响的社会安排;(3)设计可能促进能力发展的社会制度安排。

能力理论的重要奠基者阿马蒂亚·森(Sen,1999,pp.70-72)提出了五条评价能力的标准,分别为:(1)个体的身体和智力素质情况;(2)自然地理环境的影响;(3)社会环境的影响;(4)个人在社群中的相对处境；（5）家庭中资源的分配情况。森意图通过这五条标准来衡量人类发展指数，不过他不愿提出一个未经公共讨论的能力清单。努斯鲍姆则提供了一个保障基本生活品质的能力清单（Nussbaum，2011）。这个清单包罗万象，人的动物性、理性乃至社会性部分，例如生命、身体完整性、实践理性和依存性（affiliation，这里指的是和其他人、动物乃至自然相处的一种能力）等都被囊括在内，一共十条。这一清单试图给人提供一个可操作的伦理慎思框架。

总体来看，能力理论者将人的能动性当作道德规范性的基础，外在的安排是否能够促进能动性的发展和实现成为评价其正当性的根本标准（Sen，1985；Claassen and Düwell，2013）。但是相比于能力理论在经济学、政治哲学领域受到的热烈讨论，其在道德哲学领域的探讨则相对冷清。能力理论既没有明确试图解决道德规范性来源问题，也没有说明道德最高原则是不是可能、有没有必要。我们总会问：为什么人的能动性如此重要呢？一个人可以拒斥自己的能动性吗？即使我们把道德最高原则理解为"尊重并保障和发展人的能动性"，我们也会发现这是一条空洞的原则。什么叫保障人的能动性呢？怎么去操作呢？如果我们把道德原则理解为"按照努斯鲍姆的十条规定行事"，那我们看似立刻获得了操作上的确定性。但如果这十条规定互相冲突怎么办？是否有更高的原则帮助我们处理冲突？更为关键的问题是：为什么作为一个个体，"我"必须珍视这十条规定？一项社会政策的优劣为什么要用此来衡量？如果我们不断追问，那么势必要求能力理论去回答规范性来源和与之相关的道德动机的问题。努斯鲍姆可能会通过诉诸人的尊严来回应这些挑战，但我们仍然可以追问什么是人的尊严的基础。

四、格沃斯的努力

正是在道德哲学面临各种挑战的基础上，格沃斯的道德哲学理论才值得专门考察。格沃斯首先考察了道德原则的性质和可证明性问题。他认为假如存在道德原则，那么它或者是多条，或者是一条。如果是多条，那么原则一旦出现冲突，我们就要追溯到更高的原则来解决。例如"不能说谎"和"不能杀人"。当歹徒逼问你家里是不是藏有其他人的时候，这两条原则就会陷入冲突。如果我们认同这两条原则根本就无法调和，就要诉诸更高的原则来解决问题。更高的原则能告诉我们在这种危急时刻，生命要重于诚实。作为一个道德基础论主义者，格沃斯无法容忍道德原则会造成不可调和的冲突。因此，如果道德是一个自洽的体系，那么它应该有唯一一个最高原则，其他原则的规范性最终都要从该原则引申出来。而这个独一无二的道德原则自身应该是可被辩护的，不能是任意悬设的。所谓的辩护，无非就是说明被辩护的东西的正确性（rightness）符合一定的标准（criteria），可以通过一些标准来得到充分的说明。

有人认为根本没有必要去为道德最高原则辩护。首先，人们不需要依靠抽象的道德原则行事，诉诸直觉就能较好地解决道德抉择问题。诸如不能杀人、不能偷窃等，任何人根据常识都知道不应为此（Stratton-Lake，2002；Huemer，2007）。道德最高原则更不需要演绎证明，只要把生活中经常使用的原则简单归纳就能得到操作性原则。比如不能杀人、不能侮辱人等，可简单归纳为尊重人。实际上，这些思考都是对凡俗道德生活的准确描述，日常生活中大部分人都照此行事。但是直觉和归纳办法在遇到一些基本道德困境时，并不能给我们提供最为稳固的道德根基和自洽的操作原则。如果我们不满足于日常道德实践，而希望能够更加深刻地理解道德、认识自我，那自然就不能仅仅满足于日常道德常识，这就需要进一步将道德问题升格为道德哲学问题进行考察（Allison，2011）。

另外，有人认为世界上的价值本身就是多元的，有些价值从根本上就不可调和，人们从根本上持有不同的世界图景。因此，渴望得到一个用来调和一切价值冲突的道德最高原则并不现实。不过，认为世界上存在根本冲突的价值或原则本身是一个预设，并非立刻就是一个事实，因此我们仍然有必要寻找道德最高原则。格沃斯作为一个道德理性主义者，对道德相对主义十分不满。他认为如果道德是相对的，它实际上就被取消了，道德的规范性会被大大削弱。格沃斯同样不满逻辑实证主义者的情感主义态度。逻辑实证主义者认为道德没有认知内涵，仅仅是情绪的表达；道德判断无所谓真假，道德最高原则根本就不可能被证明，因为任何对它的证明都在前提中预设了结论（Schlick，1939）。格沃斯认为道德原则是可以通过理性原则引申出来的。道德的可证明性就是要找到一个受人控制的独立变量，以此来裁定道德与否。如果一个道德命题没有独立变量能对其进行评判，那么它注定是相对的。如果变量不能受到人的控制，超出人的能力之外，也就无所谓道德。格沃斯试图说明道德原则是可以被证明的，道德判断也有真假之分。

当然，即使接受了格沃斯的道德理性主义的立场，道德最高原则的证明仍然面临巨大挑战。一般的规则都是比较容易证明的。例如游戏规则，一旦知道了游戏目的，我们就能进一步证明一些基本规则的合法性。规则是否合法要看它是否有利于实现游戏目的。但道德原则的证明有特殊的困难，因为行为目的本身需要经过道德原则的检验，而道德原则本身要靠什么来证明呢？例如，我们可以认为低一级的道德原则可以通过高一级的道德原则推论出来，比如"不能杀人"原则可以从"生命主权"原则中引申出来，"生命主权"原则又可以从"上帝创世"原则中引申出来。但是最根本的规范性从何而来我们则没法说清楚。真正困难的是，在道德哲学中，次级的道德原则的道德性要靠高级的道德原则来证明，却不能用来证明高级的道德原则。似乎除非我们一开始就预设了某种自明道德，否则没法证明什么是道德最高原则。这就使得道德原则的证明陷入一种循环论证。除非承认道德最高原则的推断要从非道德的前提出发，否则似乎这一循环是无法被克服的。但问题是，从一个非道德的前提出发，是如何能够推出道德原则的呢？这必然将遭遇所谓"不可跨越"的事实与价值的鸿沟。

在格沃斯看来，道德最高原则的确是可以证明的，之前提到的不可证明或不必证明的理由在他看来都不成立。但是，一个道德最高原则绝不能像康德所描述的那样抽象，不能陷入形而上学纠缠。过于抽象会使得道德原则丧失经验内容，在实践中往往不能指导人的行动。过于形而上则会使得人们丧失道德动机。道德最高原则也不能像功利主义道德哲学那样独断地从"是"跨越到"应当"，而是要对这一跨越给予必要的说明和澄清。因此，问题的核心在于，如何找到一个这样的道德原则，它对每个人的意志来说都产生绝对普遍有效的规范性，同时兼具形式和内容两方面要素，并能够有效指导实践。另外，这个道德原则又能够为我们提供充分的道德激发力，驱动我们行道德之事，并适当规避"是"与"应当"的二元论挑战。为了寻找这样一个道德原则，格沃斯开启了他的道德哲学之旅。

第二章 基于辩证必要性的格沃斯道德哲学

本章主要通过讨论格沃斯道德哲学论证的独特方法，即辩证必要性方法来廓清其基本思路。与传统道德哲学思潮不同，格沃斯道德哲学将道德规范性既非建立在具体的经验善上，也非建立在善的生活或超验的自由性上，而是建立在人的能动性（agency）的规范性结构上。在方法上，他采用了辩证逻辑的方法，通过澄清人将自己看成能动者所必须接受的规范性承诺，阐明了一个在内容和形式上均具必要性的道德最高原则。格沃斯认同道德有唯一普遍有效之最高原则，但此原则既非纯粹形式的，亦非纯粹经验的，而是兼具形式和经验的内容。因此，格沃斯道德哲学同以形式主义为特征的康德道德哲学、以精致计算有用性为特征的功利主义道德哲学、以个人品格塑造为特征的德性伦理学有根本区别。在其后章节中，笔者将分专题对格沃斯道德哲学的一些重要概念和论证进行详细讨论。

一、格沃斯道德哲学的目标

格沃斯道德哲学试图解决困扰道德哲学研究的三个重大问题。第一个问题是功利主义传统所面临的休谟困境。该传统试图将道德最高原则的规范性建立在对最普遍的非道德善的欲求之上。其逻辑思路可简述为：因为 E（肉体的快乐、精神的幸福，或者两者的结合等）是善的，所以最大化这种善就是至高道德原则（Timmons，2012，pp.111-143）。该思路包含了一个逻辑跳跃：从事实的善 E，推演出了道德的善 E′。问题是，作为单纯的体验，肉体和精神的欢愉均是非道德的体验（amoral experience），将这些体验的最大化当成至高道德原则，可能是将事实的善当成了应当追求的道德善。这就是所谓的休谟困境，或者叫"是与应当"二分困境（is-ought dichotomy）。麦金太尔对此做了细致的说明（MacIntyre，1959）。

第二个问题涉及康德义务论传统中关于物自体的假设。康德将道德的规范性建立在自由性基础之上。人可能是道德的，完全是因为人的理性是自由的。没有自由便没有道德，因此也就无所谓道德责任。为了说明这种自由的可能性，康德对世界做了现象界和本体界的本体论区分。现象界受自然法支配，而本体界则是自由的（Kant, et al., 2011）。据此，康德认为他为道德规范性觅得了一个既不受自然法（康德的自然法不仅包括物理学的自然律，也包括生物本能等内涵）支配，也不以人的好恶为转移的基础。问题是，超验的本体界是经验无涉的。虽然我们能够理解它，但没人能对其产生任何知识，故颇为神秘。人们常常会怀疑这一自由之本体是否存在，或者有没有必要悬设它。

如果我们不满于功利主义传统和康德义务论有关道德基础的讨论，又不愿成为相对主义者，那么如何能给道德律的普遍有效性觅得一个稳固的规范性基础呢？这正是格沃斯要解决的第三个问题，即道德从何而来，道德的最高原则是什么。格沃斯是一个不折不扣的道德基础论主义者（moral foundationalist），认为道德有一个绝对根本的基础。这一倾向本身并无特别之处。基督教神学将道德建立在上帝的根本属性之上。上帝的全知、全能和全善给道德的认识特征、实践特征和伦理特征提供了基础。在启蒙的背景下，最突出的思路则是将道德建立在超验的本体或对一般经验善的普遍欲求之上。因此，这种基础论的倾向本身并不新鲜，格沃斯道德哲学的真正特点是将道德建立在能动者对自己能动性的实践性自我理解之上。

格沃斯的这种视角本身根植于道德哲学史之中，古希腊哲学家早就试图从人的能动性中寻找规范性的基础。苏格拉底与特拉西马库斯关于正义的讨论最能说明这一点。苏格拉底将正义看成行为能够被称为行为的一般条件。就城邦来说，正义就是那个可以有效组织城邦各阶层进行统一行动的基本原则。如城邦是非正义的，它就会陷入内战，因为其无法协调各个阶层进行统一行动。以此类推，就个人来说，正义的原则就是能够协调理智（reason）、欲望（appetite）和意气（spirit），进而得以有效行动的前提条件。道德（正义）就是能够协调理智、欲望和意气的根本原则。只有当这三种成分不再陷入冲突、被充分协调以后，采取的动作才算是个人的行为。正是在这个意义上，科斯嘉德认为希腊人的正义就是规范性行为的塑成原则（Korsgaard，2008）。在交代了这些背景之后，笔者将首先介绍格沃斯对行为要素的分析，再介绍他对规范性行为和善观念的分析。在此基础上，笔者将介绍格沃斯对能动性的分析和对道德最高原则的辩护。

二、对规范性行为和善的分析

在纷繁的行为概念中，格沃斯认为一个行为应包括自发性（spontaneity）/自由（freedom）和目的性（purposiveness）/意向性（intentionality）两个根本要素（Gewirth，1980，p. 27）。即一个行为至少要包含两方面的内容：一是它由能动者自由选择而非被人强制所致，二是能动者在选择行为时了解自己所处的环境，知晓行为可能导致的结果。能动者对行为所实现目的有预期，且此目的在他/她的慎思中构成其行为之理由。格沃斯认为，自由和目的性是一切行为普遍拥有的两大基本特征。值得注意的是，格沃斯所谓的行为并不要求能动者在每个行动中必须对此二者保持持续的自觉状态。

实际上，日常生活中的大量行为都是在习惯中完成的。比如渴了取水喝，我们只是自然为此，并没有清晰地意识到自己是为了实现解渴的目的，考察了周围的环境，最终决定持杯取水。但当别人问为什么取水时，出于解释的必要，我们就会回溯到行为的基本要素上给予解释。严格来讲，我们会说："我渴了，而且看到桌子上有杯子，角落里的饮水机里又碰巧有水，我的手脚都灵便，所以我就去取水喝。"因此，从回溯角度看，因为可以给予这些动作以解释，所以其仍然是行为。尽管格沃斯的行为概念包括这种习惯性行为，但它并不包括另外一些特定的活动。梦游、严重的强迫行为以及间歇性精神病人在发作期间的所有动作都不具备格沃斯行为概念的两大要素，格沃斯仅仅称它们为动作而不是行为。

格沃斯紧接着从这种描述性的行为过渡到了规范性意义上的行为，这一步至关重要。格沃斯认为，从第一人称视角来看，如果"我"采取行为

X是为了实现目的E,那么这个行为中的目的性会自然赋予E善的内涵。换句话说,因为这个目的性,"我"必然认为E是好的。仍以取水为例,"我"取水的目的是解渴,此目的赋予取水善的内涵。在这个行为里,"我"自然会认为取水是好的。但是,日常经验表明,有时我们会憎恶自己所欲求的东西。比如,一个糖尿病患者渴望冰激凌,一个贪污犯渴望贿赂。在这两个例子中,能动者未必会认为自己的欲求对象是好的。

格沃斯认为这种看法是一种误解,是思维不够明晰所导致的。为解释这一点,他区分了非反思性评价和反思性评价、道德善和非道德善等几组概念(Gewirth,1980,p.49)。所谓反思性评价,是指在意识中清晰呈现的权衡。以吃冰激凌为例,作为一个糖尿病患者,"我"会考虑吃或不吃的利弊,这一过程将清晰呈现在"我"的意识里。与此相对,非反思性评价指的是在行为过程中未在意识中清晰呈现,但经过事后反思可以清晰追溯的反思过程。如果"我"要事后琢磨为什么还是买了冰激凌,经过充分反思,"我"会意识到虽然吃冰激凌对自己的健康有巨大的危害,但是"我"的目的性却肯定地赋予了其特定的善,即吃冰激凌可以满足"我"的口腹之欲。

严格分析下来,吃冰激凌有害健康和冰激凌好吃实际上是两个行为,糖尿病患者对吃冰激凌的纠结包含了健康和享乐两种目的的纠缠,这二者分别赋予了吃冰激凌坏与好的内涵。因此,冰激凌的例子并不能够反驳格沃斯的观点,相反它恰恰支持了格沃斯的说法。另外,一旦道德善和非道德善分开,那么贪污的例子也不能反驳格沃斯。在贪污行为中,贪污犯一方面认识到贿赂可以满足自己的私欲,比如肆意消费的欲望,另一方面又认识到贪污的行为是不道德的。这也是两件事,包含了两个行为,一个事关满足私欲的善,一个事关道德缺损的恶。在以上两个案例中,行为者的目的都使其认为其所欲求的对象在实现特定目的上是好的,但都不必认为它们是绝对好的。

在做了以上解释以后,格沃斯进一步就善进行了本体论区分,并讨论了他所谓善所关涉的领域。格沃斯区分了断言善(assertoric good)和辩证善(dialectical good)。所谓断言善,指的是善是实在的,独立于主体之外。人的具体行为之所以是善的,完全是因为它具备了这个善的属性。而辩证善是从主体内在慎思开始的，它是由慎思基本结构所规定的。如果行为者持有特定的目的 E，而他/她发现通过采取行为 X 才能实现 E，那么他/她就必须赋予 X 善的内涵，认为 X 是好的。因此，格沃斯所讨论的辩证善，不是所谓善的本体（being good），而是主观善（seeing good）（Gewirth，1980，p. 51）。辩证善不是脱离了能动者评价而自存的善，而仅仅是能动者个人将其视为善而已。

格沃斯认为，行为者对辩证善的思考不仅关涉其欲求的目的 E 和实现这个目的的手段 X，他/她自然也会欲求手段 X 成为可能的最为一般的条件。如果"我"要满足口腹之欲，而且"我"认为吃冰激凌可以满足此欲，那么"我"必然也会认为钱包里的钱是必要的实用善，进而钱包里要有钱成为一种必要的欲求。将这些具体条件进一步抽象普遍化，格沃斯提出了一个"必要善"的概念。必要善指的是一个行为之所以被称为行为而不仅仅是动作的那些最为一般、最为普遍必要的前提条件。格沃斯认为，其中一个必要善就是自由（Gewirth，1980，p. 52）。自由意味着行为者应该拥有一种思想不受胁迫和支配的一般能力，这一能力是一切行为被认为是行为的必要前提。也正因此，它不仅具备工具价值，也具备内在价值（inherent value）。

在格沃斯的语境中，内在价值并不是一种脱离能动者评价的自在价值。它指的无非是能动者不得不去珍视的一种善，因为它是一切行为成为行为的最为基本的条件。没有它，就没有行为，仅余动作。另外，能动者不仅要珍视这种自由，同时需要将行为的目的性视为内在善。一切真正的行为不仅要有自由也要有目的，目的性因此也是行为可能的最一般条件。而不管实现什么目的，行为者都需要一定的资源来实现它，这种必要资源被格沃斯称为基本福利（wellbeing）（Gewirth，1980，p. 53）。类似地，基本福利也因为是行为的一般必要条件而具备内在价值。这样，格沃斯就将基本自由和福利看成了一个规范性行为的必要善。在这个善理论基础上，格沃斯才进一步解释了他的道德推理。这一切入道德哲学的思路是水到渠成的，一旦我们知道了什么是基本善，那么对这种善的必要欲求所能规定出来的原则就是道德原则。下面笔者将着重介绍格沃斯是如何说明这个道德原则的。

三、对道德最高原则的辩护

上面提到,格沃斯的善不是理念善而是辩证善。理念善的推理常见于宗教道德哲学中,善的客观性被建立在上帝的本质之上。上帝是全知、全能且全善的,因此成了善的客观根据。在康德那里,道德善则是由自由的本质所规定的,奠基于善良意志本体的自由性。与此不同的是,考虑到格沃斯的善是一种无法脱离能动者主观评价的善,因此他的道德推理当然也无法脱离能动者。实际上,格沃斯将道德的规范性建立在了能动者内在慎思的辩证必要性基础之上,这正是其方法的独特性。以下笔者将就这一思路进行详细介绍。

格沃斯论述道,从第一人称视角出发,一个能动者会认识到自己的能动性所必需的基本自由和福利,没有这两者,能动性就无从谈起。因此,他/她必然要求别人不夺走自己的基本自由和福利,如果认同别人的抢夺行为,根据逻辑普遍性原则[1],这就相当于他/她不认同自己应有基本自由和福利,这显然是前后矛盾的。更进一步,格沃斯认为,考虑到基本自由和福利不仅是工具善,而且是能动性的必要先决条件,能动者必须声称基本自由和福利是善的,而对它们的欲求也是绝对必要的。不仅如此,能动者还必须认为这种欲求本身是正当的(legitimate)。所谓正当,也就是能动者应该宣称他/她"有权"拥有基本自由和福利,因为这两个要素是一切行为之可能的绝对必要条件。拒绝基本自由和福利就是拒绝一切行为,而拒绝本身恰恰是一种行为,拒绝这一行为本身已使用了基本自由和福利,也就是说,已经承认了基本自由和福利的绝对必要性。这正如无人能雄辩地宣称"我是一个哑巴"一样——这种宣称本身实际上已经使用了说话能力。

至此,格沃斯已经说明了任何一个能动者,从内在慎思的角度都必然会要求拥有基本自由和福利权。但是这种必然性还不是道德必然性,而仅仅是从能动者自身角度出发所意识到的一种实践的必要性。道德必然性是如

---

[1] 逻辑普遍性原则(logical principle of universalizability,LPU):因为 S 有属性 P,所以 S 有属性 Q。那么,有属性 P 的 SO(other S,即其他 S)也有属性 Q。

何得出的呢？格沃斯接着论述道，一个能动者，通过观察和理解，会注意到其他人与之一样是拥有能动性的能动者（Gewirth，1980，p. 134）。虽然人们拥有不同的样貌、不同的智力水平和性格特征，但就最根本特征来说，除了严重的精神病患者、不懂事的孩童和陷入昏迷的植物人等之外，绝大部分的人都具备制订计划的能力，都有设定目的并按照目的行动的能动性。虽然从彻底的怀疑论立场来看，我们永远无法确知他人究竟是不是能动者，但从最直接的日常经验出发，我们可以轻松地认识到在基本能动性层面他人和"我"并无不同。关键是，如果他人和"我"一样是能动者，根据LPU，"我"就必须认同他人拥有同"我"一样的基本权利。这样，格沃斯就引申出了一条原则：总是按照你和他人平等的普遍权利所要求的那样去行动（Act in accord with the generic rights of your recipients as well as of yourself）（Gewirth，1980，p. 135）。这就是格沃斯所谓的普遍一致性原则（the principle of generic consistency，PGC）。这里，对PGC的遵守来自主体/能动者/施为者（prospective, purposive agent，PPA[①]）对自己的实践性自我理解，即当他/她把自己理解为能动者时，要必然遵守何种承诺（Düwell，2017）。

在格沃斯看来，道德原则无非就是一个能够普遍必然地规定人们如何照顾自己和他人利益的规范性原则，道德原则不必建立在同情的基础上，人们不必发自内心地关照别人的利益，只需要认识到如果把自己当成主体，就必然要接受PGC的约束就足够了。在格沃斯看来，PGC就是道德最高原则，它能够给人的意志提供普遍必然的规范性，让人知道如何照顾自己和他人的利益，道德原则至此也就已经得到了辩护。现在的问题是，道德的根本原则是否可以有多条。针对这一问题，格沃斯认为普遍有效的道德原则如果存在，那么必然不能是多条，因为多条原则或可通约，或不可通约。如可通约，则必然不是最高原则；如不可通约，则道德实践注定陷入冲突。

道德最高原则也无法通过定义的方式得出，比如我们可以定义道德就

[①] PPA在中文里对应有主体、能动者、施为者等概念。这三个概念在不同的语境下是有差别的。但在本书的语境下，这三个概念对应的内容是相同的。

是做好事，但问题的关键是知道什么是好事本身就已经预设了对道德原则的理解，不知道道德原则是什么，就不可能知道哪些事是好事，定义道德的方法会最终陷入循环论证。因此，在格沃斯看来，假如普遍有效的道德最高原则必定存在，那么它只能通过析清（articulation/elaboration）的方式来说明。一旦这个原则可以被说明，它就得到了辩护。至此，格沃斯认为自己找到了一个道德最高原则，该原则要求我们对所有人抱着一种无偏见的态度，认同并尊重所有人的基本自由和福利，就像尊重我们自己的基本自由和福利一样。接下来，格沃斯讨论了 PGC 的重要特点。

四、PGC 作为道德最高原则的特点

根据以上论证，可知 PGC 同功利主义传统和义务论的道德最高原则有不少相似之处。作为最高道德律令，它们都采取了一种特定的规范性判断形式：你应当（ought to）按照 X 所要求的那样去行动。这样的表述本身预设了人的自由性，因为只有当人可以自由地选择自己的行为时，才有所谓应当不应当。除此之外，不同学派的道德律令归根结底都试图指导人的行为。除了这些共同点，PGC 也具备一些自身的特点。就形式而言，因为 PGC 是根据一个由 LPU 推导出来的命题得到的，因此其具有形式真理特征。为了进一步澄清，格沃斯区分了两种不同的形式真理。一种形式真理的有效性可以纯粹通过定义和 LPU 的要求推导出来。例如"单身汉就是无伴侣者"。单身汉的定义就是无伴侣的人，否定"单身汉就是无伴侣者"即承认"有些无伴侣者又是有伴侣者"，这显然是矛盾的，因此不能成立（Gewirth，1980，p.150）。

但需要注意的是，格沃斯的 PGC 并不是纯粹形式的。实际上，否认能动者和能动对象都有基本权利这个命题仅从概念定义和 LPU 来看并不会引起自相矛盾。例如"你没有权利，就像我没有权利一样"，这个命题本身并没有形式逻辑意义上的错误。但是从能动者第一人称下的辩证逻辑角度来看，这种否认显然是自相矛盾的。作为一个能动者，如果欲求一个特定的目的，那么他/她必然欲求实现该目的所需要的相关善，并认为它们是好的。而当这些相关善是一切行为所必需的善时，一个能动者就必须宣称其对这些善的欲求有正当性，即他/她有权获得这些善。而当其认识

到他人是和他/她一样的能动者时，出于辩证逻辑的必要性，他/她必然要认同自己和他人对基本善有一样的权利。在形式上，如果一个能动者由于认识到自己是一个能动者因此需要将自己理解为一个有获得基本善的权利的人，那么当他/她同时意识到所有人都是能动者时，也必然会将他们理解为这样的人。这时候，"你没有权利，就像我没有权利一样"这一命题就可变换为"一个必须将自己看成有权利的人（你）坚信自己没有权利，就像一个必须将自己看成有权利的人（我）坚信自己没有权利一样"。此时，这个命题才会陷入自相矛盾。

在阐明了形式上的必然性后，格沃斯进一步解释了PGC在其内容意义上的必然性（Gewirth，1980，p.161）。为说明这个问题，格沃斯首先区分了两种意义上的对称（symmetry）（Gewirth，1980，p.162）。一种是定义（definitional）上的对称。比如亲戚关系或者平等关系，这些都是定义上的对称。若A是B的哥哥，那么B就是A的弟弟。但是PGC不同，PGC要求这种对称是规范性的，这是另一种完全不同的对称关系。PGC并不从定义上规定并保证对称。在现实生活里，我们常常见到基本善分配不均的现象。一些人通过残酷剥夺别人的方式获得了好处，而对方则丧失了基本自由和福利。PGC的规范性对称意味着能动者在作为资源的基本善的问题上，应当认同施为对象和其拥有平等的权利。如果不平等发生，那么能动者有义务去纠正这种不平等。

格沃斯又对PGC同简单一致性原则（simple consistency）和欲求-互惠一致性原则（appetitive-reciprocal consistency）做了区分。所谓简单一致性原则，无非就是规定在同等情况下使用同样的法则而已。比如天冷加衣就遵守简单一致性原则：只要天冷，你就加衣服。欲求-互惠一致性原则的典型例子则是黄金法则。"己所不欲，勿施于人"就是这样一条原则。在这条原则里，能动者将对自己的个人态度普遍化开来，并最终在效果上呈现互惠特点。就作为一种形式的一致性而言，PGC与这两者是一样的，指的就是一种普适特征：只要天冷，就加衣服；只要是自己不喜欢的，就不强加给别人；只要"我"有权拥有必要善，别人就一样有权拥有。但就作为一种内容的一致性来说，格沃斯的PGC与简单一致性原则和欲求-互惠一致性原则却不尽相同。

就简单一致性原则而言，它是纯粹形式的，并不规定具体的内容。其内容完全可以是开放的、不确定的。同时，它更不能告诉我们哪个具体的法则是道德上正确的。比如，"只要是基督徒就应被奴役""只要是女人就应该服从男人"这样一些论述，就完全符合简单一致性原则，尽管是道德上错误的。因此，格沃斯将简单一致性原则看成一种"司法公正"(judicial impartiality) 原则，它只规定形式。欲求-互惠一致性原则则与此不同，格沃斯认为这一原则在包含司法公正原则的同时也具备立法性（legislative），即一个行为主体除理解法则的一致性以外，也要在一定程度上理解法则要规定的特定内容（Gewirth, 1980, p. 164）。以黄金法则为例，其涵盖的内容就是行为者要对自己和别人一视同仁。但这个内容仍然过于开放。根据这个原则，"如果我是基督徒，我就应该被奴役""如果我是女人，我就应该服从男人"等论述并没有特别不合理的地方。

与以上两条原则不同，格沃斯认为 PGC 不仅提供了一种形式上的普遍性，也对其适用的质料内容进行了道德规定。首先，PGC 规定的内容并不建立在能动者的个人偏好之上。某人或许可以接受"如果我是女人，我就应该服从男人"这个原则，但是根据 PGC，他肯定是错了。格沃斯解释说，所有关于一致性的原则都包含了两个要素：单数人称的道德判断和将该判断普遍化的形式 (singular reasoned moral judgments and their corresponding universalization) (Gewirth, 1980, p. 166)。所谓单数人称的道德判断，无非指的是从个体而非社群角度出发的道德立场，而普遍化的形式指的是将这种道德立场从个体角度无差别地扩展到全人类。例如：我应当做（或者拥有）X，因为我是 Q；因此，所有 Q，都应当做（或者拥有）X。在这里，必要性仅仅是作用于单数人称的道德判断和其普遍化的形式的关联之上的，它并不对 X 本身做出任何规定。X 可以是任何内容。与此对照，PGC 中的"X"却是受到规定的。根据 PGC，每个人，如果把自己看成能动者，那么因其能动性之故，都必须要求自己拥有基本善。因此，在 PGC 中，必要性不仅规定其单数人称的道德判断和其普遍化的形式，同时也规定这个命题的前件。可见，PGC 在形式和内容上都是被规定的。

五、结论

通过以上较为初步的梳理，我们可以注意到格沃斯是一名道德基础论主义者，他认同道德有最高指导原则，而且这种原则是普遍有效且必要的。他的哲学绝不是相对主义道德哲学。另外，格沃斯的道德哲学似乎可以规避本章开头提到的困扰道德哲学研究的三个重大问题。针对功利主义传统所面临的休谟困境，格沃斯将从事实到价值判断的鸿沟通过能动者内在的辩证慎思填平了。一个能动者之所以觉得基本自由和福利是好的，是因为通过对能动性的辩证慎思，他/她必然做此评价性判断。针对这一问题，格沃斯还专门撰写过文章，这里不做详述，笔者将在第七章中专门讨论这个问题。另外，格沃斯也不需要通过对物自体的悬设来为道德寻找一个形而上学根基，他认为道德可以从一般性常识中推论出来。能动者对自己能动性的实践性自我理解足以为道德提供普遍有效的根基。就康德和格沃斯哲学的异同，笔者将在第四章中进行详细比较。在介绍了格沃斯道德哲学的基本方法的基础上，下一章笔者将进一步深入讨论能动性概念在格沃斯道德哲学中所扮演的重要角色。

第三章　能动性与格沃斯道德哲学

在上一章，通过辩证必要性方法，笔者对格沃斯道德哲学进行了宏观介绍。本章将进一步充分澄清格沃斯道德哲学的"能动性"概念，及其在对道德最高原则的辩护与对道德规范性来源的说明中的作用，进而更加深入地阐发格沃斯道德哲学的基本思路。能动性是格沃斯道德哲学的核心概念。它既是整个道德哲学的方法论起点，也是其规范性关切的终点。格沃斯试图建立一种规范性的能动性概念，继而通过对能动性的理性结构以及其存在的必要前提的分析来说明道德最高原则何以是可能的。格沃斯认为，一个具备基本理性的能动者，只要通过对自己的能动性进行实践性自我理解，就不得不认同一条道德原则，即"总是按照你和他人平等的普遍权利所要求的那样去行动"这一普遍一致性原则（PGC）。格沃斯道德哲学的规范性既不来自外在神圣意志，也不来自形而上学的本体预设，更不来自任何具体的经验善，它建立在能动者的实践性自我理解之上，即建立在能动者对其能动性的反思所产生的辩证必要性之上。

一、背景

能动性是道德哲学讨论的核心概念[①]。能动性一般指能动者自觉且自由的实践能力。能动者的行为若被外在力量挟持，或能动者完全无法意识到自己的行为自由，他/她就不具备一般意义上所谈的能动性。能动性涉及道德规范性来源（何为善）、对道德最高原则的辩护（何为普遍有效的道德法则）、道德实践的动机（为何要道德），以及道德对伦理实践的意义（人与人如何相处）等诸多道德哲学基本问题。道德哲学通常把道德同某种特殊的能动性连接起来，并通过这种联系来说明道德最高原则何以是可能的。例如，我们可以将人对特定感官或精神愉快的追求，对特定力量、德性和信仰的追求当作道德的基础。这样一来，一个原则之所以是道德的，或许是因为它可以指导我们获得以上所言及的善。在此语境下，道德奠基在特定的能动性而非一般的能动性之上。

这种将道德原则的推论建立在特定的能动性之上的做法招致了两个困难：一方面，它对持有根本不同的道德直觉的人来说欠缺说服力。设想一个极端案例，一个社会认为偷窃行为本身是道德的，不偷窃则是道德无涉甚至呆板的。在这个社会中，那些所谓"呆板"的人可能被淘汰，剩下的人因都认同偷窃是道德的而争相偷窃，不断精进偷窃技术。但与此同时，他们又努力捍卫自己的财产，发展防盗技术，这样最终达到一个平衡态。"人总是应该竭力偷窃又防止被偷"这样一个原则在一个小偷群体中，完全可以被作为一种职业伦理原则来践行。道德学家必须向他们解释为什么只有不偷窃而非偷窃的能动性才能用作道德的基础，这一工作实际上是困难的，因为人们持有根本不同的道德直觉。另一方面，在持有相同的道德直觉的人中，人们虽然可以达成应该将特定善当作道德根基的共识，但往往无法立刻说明这种道德的规范性来源，即为什么我们的共识有资格为道德奠基。历史地看，共识并不是静态的、一成不变的，它本身随着时间的推移可能发生变化。过去的共识在今天看来可能是陈旧的，甚至是错误的。

[①] "agency"在道德哲学中常被翻译为"能动性"，而在伦理学中则常被译作"施为能力"，这里笔者统一使用能动性这一翻译。

正是在这个情境下,格沃斯独树一帜地提出道德规范性应该建立在能动者对自己最为一般的能动性的辩证慎思的基础之上,道德原则只能从能动者最一般的能动性中引申出来。

二、能动性与道德原则推论

格沃斯的能动性观念既是其道德哲学的方法论起点,也是其所要保障的规范性价值终点。虽然格沃斯本人并没有专门去讨论能动性,但其道德最高原则的推论却始终预设了特定的能动性观念。笔者将扼要地介绍格沃斯对道德最高原则的辩护,进而将其预设的能动性观念提出来考察。

(一)格沃斯道德原则推论

格沃斯认为道德哲学的实践目的无非是指导人如何过善的生活。所谓"过"善的生活,无非就是"做"对的事情,按照善的目的和正确的原则来实施行为。因此,他将行为当作规范性考察的起点,继而考察行为的理性结构所预设的基本条件是什么。在上一章笔者简要介绍了格沃斯的道德推论,这里笔者将更加清晰地介绍道德推论的详细步骤。格沃斯认为:

(i)所谓行为,无非是 PPA 欲求某种目的并试图实现该目的的活动(Gewirth,1973,pp. 21-42)。

(ii)目的之所以是目的,无非说明它是值得欲求的,即善(good)的,这是分析的(Gewirth,1973,pp. 48-63)。

(iii)如欲求某目的,PPA 自然欲求实现该目的的手段,这也是分析的。

(iv)特定自由和福利是实现特定目的的必要手段,而基本自由和福利是实现一切目的的必要手段。

(v)考虑(iv),PPA 只要行动,就必然欲求自己拥有基本自由和福利。PPA 因此必须声称有权获得基本自由和福利,即别人不得任意剥夺它们(Gewirth,1973,pp. 63-104)。

(vi)世界由很多 PPA 构成。根据(v),当 PPA 注意到其他人也是有目的的 PPA,并因此欲求基本自由和福利时,根据 LPU,他/她必须认同其他人同其一样有基本自由和福利权。他/她如果仅认为自己有这些权利而别人没有，就会陷入自相矛盾。

（vii）根据（vi），PPA必须认同每一个PPA都有平等的基本自由和福利权（Gewirth，1973，pp.129 - 150）。

（viii）综上，格沃斯的道德最高原则可表述为"总是按照你和他人平等的普遍权利所要求的那样去行动"，即普遍一致性原则（PGC）①。

格沃斯的论证初看很简单，值得商榷之处却很多。PGC推论显然预设了一种特定的能动性观念。系统考察这一观念有助于我们深刻把握格沃斯道德哲学的内在逻辑。以下笔者将从能动性的理性结构、能动性在对PGC的辩护中的作用以及它与道德规范性来源的关系这三方面讨论能动性的内涵。

（二）能动性的理性结构

所谓能动性，无非就是PPA有行为能力的一种状态。格沃斯道德哲学所预设的能动性有其自身的理性结构。在他看来，行为和一般的运动（movement/behavior）不同。钟表表针的走动、石块的滚动等仅是一连串复杂的机械传动或物体在自然法支配下的移动现象。一个患有严重精神病的人的盲动也仅仅算是运动，因为完全受到本能/自然法的支配。相比之下，行为则是PPA为了实现特定目的的自发行动（Gewirth，1973，pp.26 - 27）。格沃斯将行为的理性结构表述如下：我自发地做X，以便实现目的E（I voluntarily do X for the purpose of E）。

"自发性"（voluntariness/freedom）和"目的性"（purposiveness/intentionality）是构成能动性的两个最基本要素（Gewirth，1973，pp. 27）。自发性意味着PPA的行为未彻底受外在胁迫，是PPA可控的。士兵机械地执行命令或走夜路遭歹人劫财都不算是严格的行为，而加入选择（可以选择是否当兵或走夜路）就是行为了。目的性则有两方面的内涵：首先，目的性指向一种理性能力，即PPA有能力为自己的行为设定目的，确定一个可欲求的对象。其次，目的性指向一种辩证能力，即PPA可将对目的的欲求当作自己行为的一种理由，形成原则来指导行为。格沃斯对行为的规范

---

① 虽然格沃斯对PGC的推论采取了较为形式化的表述，但他仍青睐自然语言。有关形式语言的论述参见：Gewirth，1973，pp.56 - 59。

性分析，说明他所理解的主体是一个有预期和目的的 PPA。针对 PPA 的能动性，有几点要澄清。

第一，正如第二章已经扼要地指出的那样，PPA 的能动性并不要求人持续对自己的行为保持自觉。因无法进行自发的、有目的的安排，精神病患者无意识的动作不算行为，但健全人下意识的动作则仍是行为。当有解释自己行为的必要时，健全人始终能将行为的目的当作行为的理由，针对其他人的质询进行辩护。例如，渴了取水喝大多数时候并不要求 PPA 时刻保持自觉，不需要 PPA 意识到自己是为了实现解渴的目的而形成准则，并按照"为了解渴我用杯子取水喝"这一准则来行动。但当别人问能动者为何喝水时，他/她将能够进入一种自觉状态。通过自我反思，他/她可以解释自己喝水是因为渴。可见，格沃斯的能动性要求 PPA 有基本的反思能力和自觉，但并不要求这种反思能力和自觉时刻呈现，而仅要求它在诉诸解释和辩护时发挥作用。

第二，格沃斯并未对能动性进行形而上学讨论。格沃斯既没有讨论 PPA 的行为是否可能是真正自由的，也没有讨论人的根本自由性是如何可能的。立足于现代科学世界观，他对自由意志的形而上学讨论并无太大兴趣。PPA 的自由性完全是从实践角度获得解释的：一个自由的行为在消极意义上应不受外在胁迫，在积极意义上应对行为结果有一定的认识。只要具备这两者，PPA 的行为就是自由的。当然，对一个决定论者来说，PPA 可能只是自感未受胁迫，实际上恰恰相反，PPA 的自由因此是一种幻觉，由认知不足所致。决定论者的反驳并不能否定 PPA 的自由性。首先，决定论者对不自由的确信本身也不可证明。其次，即使 PPA 的确是傀儡，在实践中他/她也不得不预设自己是自由的，以便有所行动。如无此预设，PPA 就无法将自己的目的作为自己行为的理由，一切责任，包括道德、职务和角色责任都将完全不再可能（Gewirth，1980，pp.35 - 36；Beyleveld，1992，pp.68 - 69）。

因此，作为一个 PPA，他/她必然要相信自己和他人在实践中是自由的。格沃斯的 PPA 可以是一个本体论意义上的决定论者，同时又持有对实践性自由的信仰。这种实践性自由也非常符合日常生活经验，它是可观察、可描述、可传达的。例如，当一个人发现某地治安很差，出于安全的目的杜绝夜晚出行时，其行为就是自由的。而当其为了享受夜宵而放弃安全选择夜晚出行时，其行为还是自由的。格沃斯既不需要像康德一样建构一个现象界和本体界二分的世界，也不需要建构一个存在本能和理性巨大张力的人论。对格沃斯来说，建立一种在当代有说服力的道德哲学，恰恰需要放弃过度的形而上学讨论。因此，道德哲学的难点在于如何在可观察、可描述、可传达的日常经验和必要的理性预设的前提下推论出道德最高原则。

第三，PPA的能动性是一个最为基本的能力。作为一个PPA，其能动性包括四方面内涵：首先，它应能够为行为设定目的，寻找实现此目的的手段。其次，它可以帮助PPA塑成行为准则，即能够按照形式逻辑的基本要求，通过推理和归纳进行"思想"。再次，它能够对众多目的进行排序并做出选择。最后，它还要能给PPA提供行为的动机（Gewirth，1973，pp. 22-24，190-199）。PPA的能动性之所以是最为基本的一种能力，是因为这种能动性并非要求在复杂的情况下总能输出实质上最好的决策和行动。只要PPA能够设定目的，塑成行为准则，比较目的并产生道德动机，他/她就算具备PPA的基本能动性。可见，只要是PPA，就都平等地具备这一能力。在PPA能动性的理性结构分析之上，我们才能深入理解格沃斯道德原则推论的内在逻辑。

（三）能动性与对PGC的辩护

以上论述廓清了格沃斯能动性的理性结构，回顾了从（i）到（viii）的论证过程，接下来，笔者将进一步阐述PPA的能动性在对PGC的辩护以及对道德规范性来源的说明方面的重要功能。格沃斯在步骤（i）中提出了一个规范性的行为概念，这在上面的"能动性的理性结构"中已讨论过。但从（i）到（ii）的推论需要澄清：为何PPA欲求一个目的，他/她就必须认为这个目的是善的。PPA对目的E的欲求有如下可能：

(a) PPA欲求E，且认为它是善的。
(b) PPA欲求E，但认为它不善不恶。
(c) PPA欲求E，但认为它是恶的。
(d) PPA欲求E，并因此不得不认为它是善的。

需要注意的是，只有（d）才是格沃斯的立场。（a）是可能的，但（a）中 E 的善恶取决于能动者的态度，因此是任性的，它不对 PPA 构成绝对规范性。PPA 可以认为 E 是善的，但也可以转脸斥其为恶。在（b）中，PPA 可能觉得 E 本身价值中立，仅为实现目的的工具。比如，我们既可以用刀来杀人也可以用刀来做菜，刀无善恶。在（c）中，PPA 可能既欲求 E 又觉得 E 是恶的。PPA 可以有罪恶的欲望。虽然一些道德实在论主义者或许会认为善是超越主体、客观存在的。一个物和行为之所以是善的，是因为其分享这个善，具备了善的属性（Korsgaard, 1996, pp. 28-40）。但格沃斯所讨论的善指的是 PPA 出于理性的需要，赋予 E 的一种积极价值（proactive value）。在（d）中，说 PPA 必须认为 E 是善的，并不意味着 E 在客观上（objectively 或者 inter-subjectively）就是善的，这对所有 PPA 都适用。它仅指 PPA 从个体角度出发，必须认为 E 是可欲求的、对其个人来说有价值的。如果特定的 E 对 PPA 没有价值，PPA 就不会觉得其值得欲求并将之设为目的。

因此，一个道德实在论主义者可以既认同自己的目的 E 是有价值的、可欲求的，进而是格沃斯意义上的善的，同时又认为 E 从客观上讲是恶的，自己有罪恶的欲望。他/她可以认为刀这种东西从本质上讲是恶的，在一个没有刀的世界里，人们将不知道什么是砍杀。但从主观角度来说，不管用于善的还是恶的目的，只要用刀，他/她就要从第一人称视角对持刀赋予积极的价值，觉得它是可欲求的，进而具有一种辩证的善。格沃斯不关心善的实在论，他试图说明，从 PPA 能动性概念中我们能分析地得出，目的之所以是目的，恰恰是因为 PPA 认为它是善的。这种善完全是 PPA 对自己能动性的辩证思考所必然带来的一种规范性承诺，因此既不具备道德意义，也没有普遍有效性。

从（ii）到（iii）的过渡是纯粹分析的。一个 PPA 之所以是 PPA，就是因为他/她是有目的的存在者。而一个有目的的存在者如欲求目的 E，则必欲求实现 E 的手段。进而格沃斯试图在步骤（iv）中寻找能动性所预设的普遍前提条件。要想实现特定的目的 E，PPA 需要特定的自由和福利。例如，为了照顾母亲，PPA 认识到他/她应该不被强迫参军，即拥有免于服兵役的自由；应有基本的食物，即拥有基本生活保障的福利。没有这两者，PPA 将无法实现自己的目的。虽然不同的行为要求不同程度的自由和福利，但只要行动，PPA 就需要最一般意义上的自由和福利。PPA 只要试图实现能动性，就起码要求自己在不被胁迫的同时有保障生命的基本资源，否则，任何行为都无法实现。这种最一般意义上的自由和福利，从 PPA 的内在视角来看就是基本善（generic good）。因此，一个 PPA 必须声称自己欲求基本善。若非如此，他/她则一方面承认自己是有目的的存在者，另一方面又拒斥实现自己能动性的必要条件。问题是，一个 PPA 是否可以理性地拒斥自己的能动性呢？考虑以下情况：

（a）PPA 是否可以选择自杀？

（b）PPA 是否可以选择被奴役？

（c）PPA 是否可以选择涅槃？

格沃斯认为，一个 PPA 当然能够敌视自己的能动性。这里的"能够"意味着 PPA 可以主观上厌恶能动性，并尝试通过各种手段终止它。但 PPA 却不能够"理性地"拒斥能动性。（a）（b）（c）都可以被看作 PPA 终止能动性的尝试，这三种尝试本身就是特定行为。如果要实现以中止能动性为目的的行为，那么 PPA 必欲求基本善。这意味着他/她起码有自杀、自弃以及自我实现的必要空间和资源。因此，PPA 厌弃基本善进而拒斥能动性虽然是主观上可能的，但实际上却否定了他/她把自己看成 PPA 本身，这会在一个人的意志中引起自相矛盾。可见，实践能动性本质上是一个 PPA 之所以是 PPA 的内在要求。

步骤（v）认为由于 PPA 必欲求基本善，因此他/她必须声称自己有权获得基本善。格沃斯从 PPA 对基本善的需要推出 PPA 有针对基本善的权利引起了最大的争议。一般而言，权利观念的辩护和实现都依赖特定社会文化和制度的安排。基本善权只有在现代国家中才可能实现。这意味着权利观念在文化中深入人心，特定社会中的制度安排使得权利具备法律地位，并有强制性力量保证权利的实现，等等（Beyleveld, 1992, pp. 153-154）。实际上，格沃斯所说的基本善权并不预设特定社会规则和制度安排，也因此不具备法律意义，它仅是 PPA 从个体内在视角不得不对自己的能动性做出的一种规范性回应。这里的"有权"也不具备道德意义，仅意味着PPA认识到基本善的绝对必要性（categorical necessity），他/她必须反对PPAO（other PPA，即其他PPA）任意侵害其基本善，否则自己将陷入自相矛盾的境地。在此过程中，PPA对基本善的诉权（claim rights）完全出于谨慎理性（prudential rationality），而非出于道德考量。

另外需要特别注意的是，PPA仅对基本善而非特定善诉权，一个PPA不能因为要旅行就有乘机权。PPA的诉权也仅对自身有规范性，这意味着一个PPA根据能动性的需要，必须认同自己应当获得基本善并反对PPAO夺走基本善，否则他/她将陷入自相矛盾的非理性境地。可见，PPA对基本善的诉权并不意味着客观上PPA对基本善有权，而仅仅意味着PPA从其自身角度必须考虑（must consider）有基本善权。这一必要性被格沃斯称为辩证必要性（dialectical necessity），即从PPA内在慎思的角度出发，其实践性自我理解（practical self-understanding）对意志产生了一种绝对的规范性。PPA的诉权是PPA实践性自我理解的内在需要。

从（v）到（vi），格沃斯进而将PPA放入生活世界考察。由（v）可知，PPA的能动性要求PPA必须考虑他/她有基本自由和福利权。一个PPA注意到世界上有PPAO，考虑到PPAO同其一样有能动性，根据LPU，PPA必须承认PPAO与其一样有基本自由和福利权。如果他/她仅认同自己有权而认为PPAO无权，这相当于认同能动性既是又不是基本权利的基础，这显然自相矛盾，因此是非理性的。当然，PPA在实践中完全可以非理性地按照自相矛盾的方式制定行为准则。但只要他/她是理性的，就不能这样做。进而，从（vi）到（vii），格沃斯推论出了道德最高原则PGC："总是按照你和他人平等的普遍权利所要求的那样去行动。"综上，需要特别强调的是，PGC本身并不是从能动性概念中通过纯粹分析的办法得来的，PPA对PGC的遵守才是从PPA对其能动性的实践性自我理解的分析中得来的。实际上，PGC并不能被证明。作为道德最高原则，对其的证明本身总要预设它。这里笔者使用辩护（justification）一词，指的是用理性的办法析清其不可否定的道德原则。

三、能动性与道德的规范性来源

以上笔者介绍了能动性概念在格沃斯对 PGC 的辩护中的重要作用。虽然 PGC 的推论很严格，但关于格沃斯道德哲学的规范性来源则有很多争议。以下笔者将回顾一些学者对格沃斯的批评，在此基础上从规范性来源角度进一步讨论格沃斯的能动性概念。

（一）"是"与"应当"、"事实"与"价值"的鸿沟

有学者认为，在格沃斯的讨论中，PPA 的能动性仅是一个描述性概念，能动性所必需的基本自由和福利也仅是经验事实。格沃斯在描述性概念和经验事实基础之上建立起了道德哲学规范性，似乎有失严谨，犯了从"事实"推论到"应当"的逻辑错误（Beyleveld，1992，pp. 121 - 129）。实际上，格沃斯既不是在人类学意义上也不是在人的本质意义上谈能动性的，他建立的是一种对行为的规范性理解。格沃斯也没有预设一种价值实在论立场，认为有外在于主体的善。道德的规范性既不是建立在概念上也不是建立在事实的判断上，而是建立在 PPA 对其能动性的辩证慎思基础上。PPA 根据其能动性的要求，不得不将基本自由和福利看作实现一切目的的必要条件，因此必须赋予其积极价值，将其看作基本善。如此，事实与价值的鸿沟通过主体内在的辩证慎思被桥接了，笔者将在后面的章节中专门讨论这一问题。能动性在格沃斯道德哲学中弥合了事实与价值的鸿沟的同时，给予了 PPA 从事道德行为的动机。一个 PPA 对 PGC 的遵守完全出自他/她对能动性进行实践性自我理解的必要性。问题是，这种动机是否仅仅是自私的？如果是，那么格沃斯道德哲学并没有为 PPA 提供道德，而仅提供了自私的驱动。

（二）从自利准则到道德原则的过渡

卡林（Kalin，1968）认为，从（v）到（vii）的推论完全建立在 PPA 自私的动机之上。PPA 对基本善的欲求是自私的，对 PGC 的认同是为了防止自己的基本善被 PPAO 夺走。将道德的规范性建立在 PPA 对基本善自私的欲求之上是错误的。道德自利主义认同每个主体都应只按照最大化自己利益的原则行事，这个原则虽然可以普遍化，但却不能是道德原则。

格沃斯并不认为自己是一个道德自利主义者，在他看来，一个 PPA 不可能同时又是道德自利主义者。道德自利主义者的普遍行为原则要求他/她认同每个人都应按照最大化自己利益的原则行事，即使这样做会损害 PPA 自己的基本善（Gewirth，1973，p. 84；Beyleveld，1992，p. 181）。比如，一个道德自利主义者会认同"每个人都应该不择手段地将自己的利益最大化"这一原则。当 PPAO 践行该原则时，他们很可能会侵犯这个道德自利主义者本人的基本自由和福利。当然，他/她完全可以接受这一点，认为这个世界本身就是弱肉强食的。但是 PPA 无法理性地（符合逻辑地）接受这一点，因为接受一个弱肉强食的世界实际上就是否定自己的能动性，承认 PPAO 可以剥夺自己的基本善。PGC 的推论在方法论上是自我中心（self-centered）但非自私（selfish）的。说一个主体是自私的意味着：首先，主体只照顾自己的利益，并往往（但不必要）以牺牲别人的利益为代价；其次，主体有选择利他行为的自由，但仍然选择自利行为。考虑以下情况：

（i）行为者 A 总是欲求财富，以至于以牺牲别人的财富为代价来获取更多财富。

在（i）中，他/她所要遵守的准则为"我总是要不择手段地最大化自己的财富"。这意味着：（a）最大化财富是我的目的；（b）我可以选择是否通过损害别人的利益来满足私利；（c）但根据（a），如果损害别人的利益可以优化我的利益，那么我选择这么做。满足以上条件，我们认为（i）中的行为是自私的。但 PGC 的推论并不满足以上条件，其思路是情况（ii）：

（ii）PPA 不得不欲求自己的能动性，并因此欲求自己的基本善。因此，PPA 所要遵守的准则为："如果我是一个 PPA，那么我不得不欲求自己的基本善。"

根据（i），如（ii）为自私所驱动，这就意味着：（a）追求基本善是 PPA 的目的；（b）PPA 既可理性地欲求能动性，也能拒斥基本善；（c）但根据（a），PPA 仍然选择欲求基本善。显然，（b）条件在此是不成立的。实际情况是，只要 PPA 是理性的，他/她就不得不珍视自己的能动性及实现基本善，因此不具备理性地拒斥自己的能动性和基本善的自由。另外,即使 PPA 非理性地拒斥自己的能动性和基本善,这也并没有给 PPAO 带来利益。相反,这种非理性反倒可能会损害 PPAO 的利益。比如,当有 PPA 认为自杀是自己的责任时,这显然会侵犯 PPAO 的基本善权。根据 LPU,他/她可能会认同自杀是所有 PPA 的责任。因此,如果道德推论还要以理性为依据,PPA 对自身的能动性的珍视就不是一种自私行为,而是一种必要的理性行动。道德的规范性并非来自 PPA 的自私属性,而来自 PPA 对自我能动性的实践性自我理解中的辩证必要性。根据 PGC,PPA 显然并非只顾自己的利益,他/她还平等地照顾 PPAO 的基本权利,更不认可以伤害别人的基本善为代价来提高自己的福利。

(三) 道德是认知和逻辑问题吗

邦德(Bond,1981)认为格沃斯的道德哲学推论把道德问题还原成了一个逻辑问题,因此道德上的善成了一种认知意义上的正确,而恶的行为则由人的认知缺陷所致。在邦德看来,逻辑错误只能在认知层面告诉我们一个命题是否为真,但不能知会我们道德上的善恶。一个恶的行为本身可能是完全符合形式逻辑要求的,而一个善的行为却未必如此。将 PGC 的规范性完全建立在 LPU 之上是错误的。

为回答这一问题,需要注意格沃斯并不认为 PGC 本身是一个分析陈述,"总是按照你和他人平等的普遍权利所要求的那样去行动"这一原则本身不一定为真,不这样做是完全可能的。格沃斯仅仅认为 PPA 出于逻辑必然性必须考虑按照 PGC 的要求行事为真(Gewirth,1973,p.154)。在此过程中,逻辑必然性仅仅是 PPA 认同并服从 PGC 的理由,但这并不是道德理由,而仅是理性的要求。逻辑规则在此并没有被当作道德规范性的基础,而仅是 PPA 服从道德原则和道德推论所依赖的一个理性标准。PGC 的道德规范性并非建立在逻辑必然性之上,而是建立在人对自己实践性的自我理解之上,这一特定的理解会对自己的意志产生一种辩证必要性。针对这一问题,后面的章节将做更为细致的讨论。这里初步的讨论旨在说明在格沃斯的道德哲学推理中,道德规范性并非来自一种逻辑的规范性。

四、结论

综上所述，格沃斯的能动性概念是其道德哲学的核心。它不仅是其说明道德规范性的来源、为道德最高原则进行辩护的重要概念资源，同时也是主体辩证慎思的理性根据。格沃斯并没有将能动性建立在形而上学之上，而是主动回避了对价值本体论、形而上学的人论以及客观道德真理的探讨。他从道德主体的能动性的理性结构和必要条件着手，通过主体的辩证慎思而非纯粹的概念推演完成了对道德最高原则的辩护。在其以后的工作中，他试图从 PGC 所规定的消极权利向积极权利过渡，认为人不仅有不侵犯别人基本权利的义务，还有构造社会制度来保障和充分发展更高级的善，以便让每个 PPA 获得更高级的自由和福利的责任。格沃斯是一名典型的左派知识分子，在《权利的社群》一书中，他甚至认为公司和大学都应该采取民主选举制度，这种强烈的理想主义倾向也使他饱受诟病。格沃斯的卓越贡献在于说明了给道德寻找一个理性最高原则，借此来评判善恶的道德基础论尝试并非徒劳。通过对能动性的实践性自我理解，每个人使用最基本的理性就能找到普遍有效的道德最高原则。道德不根植于神明的命令，不立足于超验的本体界，不来自对结果的功利计算，不是偶然的政治和文化共识，不是出于进化的需要，也不是权力虚妄的臆想构造。道德就植根于我们的能动性，只要通过严格内省，依循理性的要求，我们就能推论出道德原则，并对这个原则的要求表示认同和服从。下一章笔者将试图细致地重构格沃斯的论证，将他的 PGC 与康德绝对律令做比较。

第二部分

重估格沃斯道德哲学

第四章 比较康德绝对律令与格沃斯的 PGC

本章将以康德哲学的绝对律令为背景，进一步分析并澄清艾伦·格沃斯对道德最高原则 PGC 的辩护。道德基础论主义者如康德和格沃斯都认同道德将为行为提供普遍有效的规范性标准，并认可道德有唯一最高原则。康德的道德哲学建立在三个前提之上：第一，康德预设了道德是普遍有效的，在此基础上通过先验分析法（transcendental analysis）解释了绝对律令的可能；第二，康德道德哲学建立在对现象与物自体的区分之上；第三，康德道德哲学包含一种特定的目的论，在此基础上认为人的本能和理性要求人对德福一致有根本诉求。格沃斯道德哲学并不做这三条预设，他从人人共享的能动性着手，分析了能动性存在的必要条件，并在此基础上，通过施为主体内在辩证慎思，解释了道德最高原则的可能。这一哲学思路虽然同康德道德哲学有相似之处，但因其放弃了康德道德哲学的三个前提，所以在当代生活中或更具说服力。

一、背景

道德哲学的一项基本任务是为道德寻找根基。道德基础论主义者认为道德有最高且唯一的基本原则，该原则超越历史和具体的社会情境，可用来鉴别一切行为是否道德。美国哲学家艾伦·格沃斯认为，虽然不同的哲学家，例如奥古斯丁、康德、克尔凯郭尔、尼采等都试图寻找道德最高原则，但他们的哲学却存在根本性分歧。在知识领域，不同的哲学家可能对知识本身有共同看法，但在对具体知识的分析上则可能有不同观点

(Gewirth, 1980, p. 2)。道德哲学的分歧则事关道德最高原则,不同学者对道德规范性来源有不同的看法。因此,不同的道德哲学之间在理论层面不可通约。当这些道德原则互相冲突时,人们或将无所适从。在此背景下,格沃斯将道德哲学问题划分到三个基本领域:一是道德权威问题(authoritative question),即为什么遵守道德;二是分配问题(distributive question),即除自己以外,谁的利益应该受到道德关注;三是内容问题(substantive question),即什么样的利益是道德利益(Gewirth, 1980, p. 3)。格沃斯试图寻找一个道德最高原则,该原则可以从理论上系统地回答以上三个问题,在实践中可以有效地解决不同道德原则冲突的困境。格沃斯作为一名道德理性主义者,其理论与康德道德哲学之间有诸多相似之处,甚至可以将其理论看作康德道德哲学的当代发展。本章将首先扼要地介绍康德道德哲学所面临的一些挑战,然后在此基础上比较其与格沃斯道德哲学的异同。

二、康德的道德推理

康德道德哲学的核心任务是为道德找到一个稳固的根基。康德从道德直觉和一般常识出发,首先肯定道德原则如果存在,就一定是普遍有效的。如果所谓的道德原则不是普遍有效的,它就一定不是道德原则。康德明确指出,每个个体都有独一无二的内在价值,因此应被妥善对待,这一思路带有明显的普适性特点。这种特定的理解,可能同他的基督教背景有关(Paton, 1971, pp. 196-197)。康德采取先验分析法,从一般道德常识过渡到道德哲学,进一步分析了如果道德是普遍有效的,那么它的前提是什么。

在道德形而上学中,康德指出,一个完全无条件的善只能是善良意志(Kant, et al., 2011, pp. 15-16)。康德的意志指的是两种能力:一种是因果能力,即作为一种原因导致一种结果的能力;另一种是给予自己行为以理性指导的能力,也就是实践理性本身(Uleman, 2010, pp. 29-33)。这个善良意志如果是无条件的善,就不能是他律的,而必须是自由的。虽然自由本身是无法被证明的,它立基于物自体,但我们必须预设自由,否则一切道德和法律都不可能。相比这种绝对的善良意志,还有一种有条件的意志，即一般意志。一般意志是他律的、有条件的，因为它受到本能的支配（Kant，et al.，2011，pp.111-119）。实践理性所塑成的行为结构可表述为：

  我做 X 是为了实现目的 E。(I do X for the purpose of E.)

  在一般意志中，这个目的（end）E 是本能所欲求的对象，X 是实现 E 的手段（means），而"我"做 X 是为了实现目的 E 是一个主观准则（maxim）（Kant，et al.，2011，p.29）。康德进而指出，如果有普遍有效的道德原则，那么这个原则绝不能从任何事关经验目的的准则中引申出来。因为经验目的只能为我们提供假言律令（hypothetical imperative，HI），它对意志的规范性是有条件而非无条件的。一旦这些条件消失，对它们的追求也就会消失。因此，作为一个行为原则，它不可能对意志产生绝对必要的规范性（Kant，et al.，2011，pp.57-59）。

  例如"因为口渴，我应当喝水"就是一个假言律令。喝水这个欲求只有在口渴的情况下才存在，在不渴的情况下，"我"不必如此。康德认为，所有的经验目的，包括幸福本身，都不能为我们提供普遍有效的原则，因为在其基础上引申出来的原则都是假言式的。虽然追求幸福是一种普遍现象，但幸福作为一种目的，实际上非常含混，根本就不能给我们提供任何确定性的行为准则。康德甚至认为，如果一个人虽不幸丧失了追求幸福的基本能力，但却能忍受悲惨，坚强地活下去，那么这种坚持就具备崇高的道德意义。这也恰恰说明了道德不以追求幸福为目的（Kant，et al.，2011，p.27）。如果我们身体的每一个器官都是为了生存的目的而被完美地设计出来的，那么本能肯定能够帮助我们更好地获得幸福。而人所特有的理性却常常使人陷入苦恼，因此，理性官能必然是为了幸福之外的目的被创造出来的，康德认为理性的目的是实现绝对善良的意志，即道德（Kant，et al.，2011，p.19）。

  如果道德原则不能从任何经验目的中引申出来，那么在主观准则（subjective maxim）中剔除一切经验目的后，留给意志的仅剩下法的一般纯形式，即它的普遍有效性和它对意志的绝对规范性（Kant，et al.，2011，p.101）。这种对意志的要求之所以是规范的，恰恰是因为人的意志既可能自律也可能他律。康德将人划分为本能和理性两部分，我们的意志随时可能受到本能的牵引或理性的召唤。因此，道德原则以必要性（necessitation）方式出现，呈现出对意志的强制作用。如果我们的意志不受到经验污染，那么我们将自然而然地按照法的普遍有效性形式去行动。道德原则对我们来说将不再具有规范性，而成为一种自然倾向，意志就是神圣的了（Kant, et al., 2011, p.107）。恰恰是人这种在天理和人欲的十字路口逡巡的特定存在者才有所谓的道德。这样一来，康德将他的绝对律令写作：

   总是按照你同时也能意欲它变成一条普遍法的准则去行动（Kant, et al., 2011, p.33）。

  康德指出，尽管绝对律令对人来说是规范性的，但是这并不是他律的，绝对律令是善良意志加诸自身的，也就是说，道德原则是善良意志的自我立法。而善良意志的这种自我立法能力奠基于人的自由性。而这种自由绝不在我们的经验世界之中，而是建基于物自体。物自体是人类理性所触及的边界，对其我们将无法再产生任何知识。

  康德的绝对律令的核心不仅在于指出一个原则普遍化后是否会自我取消，还在于理性主体能不能意欲这个原则普遍化，也就是说该准则的普遍化会不会伤害善良意志的意愿能力。针对自我取消，康德举了撒谎的例子："我"为了特定目的向别人许了一个"我"不打算遵守的诺言。将这个准则普遍化，我们立刻发现它不是一个自由理性意志的意愿。因为一旦将这个准则普遍化，行为就将自我取消（Kant, et al., 2011, p.35）。虽然有诸多行为的普遍化并不会导致自我取消，但仍是不道德的，因为这种准则的普遍化伤害了理性意愿能力。

  康德举例："我"采取自我荒废的手段来达到肉体幸福的目的。将该准则普遍化，并不会导致这一行为在现实世界中的自我取消，结果无非是世界上充满庸碌的人而已。但在康德看来，这种自我放弃的行为仍是不道德的，因为它伤害了理性意愿能力。这就牵涉到康德对人的特定理解。在康德看来，人如果仅仅为了实现本能的满足，那么理性能力纯粹是多余的（Kant, et al., 2011, p.21）。如果自然充满和谐，那么理性和本能必然要在人的有目的的行为中同样达到一种和谐，最终实现一种德福一致的完满的善。因此，康德认为作为一个有目的的存在者，每个人都应该努力发展自己的潜能，不仅因为这对于实现任何目的都非常重要，还因为这种潜能是上帝给予的（Paton，1971，pp.73-75）。如果人人都自我放弃、庸碌无为，那么这种行为将阻碍人的成长，显然会伤害人的理性意愿能力。

综上，康德道德哲学有三个重要特点。第一，在方法论上，康德使用了先验分析法，从道德是普遍有效的这一道德常识出发，去澄清具有普遍必然性的道德得以存在的前提条件是什么。可见，康德并未正面证明道德是普遍必然的，他解决的是如果道德是普遍必然的，那么它是如何可能的。第二，康德对道德的分析建立在对现象与物自体的划分之上。如果不做这种划分，道德就不可能，因为自由的可能性无法得到保证。第三，康德道德哲学建立在对人特定的理解之上。如果人不因有理性而具有超越本能的道德追求，不从理性上出于德福一致的原因去企望神，那么绝对道德律令也不能有效指导行为。

康德道德哲学的以上三个重要特点引起了经久不衰的讨论。首先，当代人未必持有康德时代特定的基督教道德直觉，人们未必相信道德原则是普遍有效的。康德道德哲学无法说服这些持根本不同的道德直觉和常识的人。其次，虽然康德道德哲学对现象界和本体界的划分在认识和实践上有必要性，但一旦人们放弃了对普遍必然道德原则的企望，这种区分的必要性和说服力就会受到挑战。在一个由科学思维主导的时代，要人们相信一个神秘的物自体世界是自由和道德的根基是十分困难的。当然，针对现象界和本体界的划分，不同学者有不同的意见。刘创馥（Lau，2010，pp.124-145）认为，这种划分并不代表康德相信一个物自体世界的存在，存在并不能规定毫无经验内容的本体。物自体与现象的划分只有认识论意义而没有本体论上的必要性。从这样的解读出发，物自体并不是一种不可知的神秘存在。但统言之，康德道德哲学对现象界和本体界的划分的确招致了不少理论困难。最后，当代哲学中的人论内容丰富驳杂，人们未必认同康德对人的特殊理解。一个持享乐主义或存在主义态度的主体未必认同人有超越本能的追求，可能不认为理性有任何超越性的目的，它完全是一种工具理性。面对这些讨论，康德道德哲学对道德原则的解释力和说服力都面临挑战。

三、PGC与绝对律令的相似之处

在比较PGC与绝对律令之前，我们先回头梳理一下格沃斯的PGC推论。前面的章节已经很系统地讨论过格沃斯的推论，这里没有必要再细致介绍。为比照康德道德哲学，这里将其简述如下：

（i）能动性的基本结构是：我为了E做X。

（ii）目的E之所以是目的，完全是因为PPA觉得它是值得欲求的，是善的。

（iii）要实现特定目的E′，PPA必欲求实现它的具体善，这里的善包括特定自由（F′）和特定福利（W′）。而要实现任何目的，PPA都必欲求最一般的自由和福利，这就是基本自由和福利。

（iv）因为基本自由和福利是实现任何目的的必要条件，所以PPA必考虑对其诉权。若非如此，他/她在逻辑上将拒斥自己的能动性，但是拒斥行为本身是能动行为，预设了能动性，故使自己陷入自相矛盾的境地。PPA注意到PPAO也是PPA，具备最一般意义上同其自身完全一样的能动性，根据LPU，他/她无论喜不喜欢，都必须认同PPAO有与其一样的基本权利。继而，格沃斯推论出他的PGC："总是按照你和他人平等的普遍权利所要求的那样去行动。"下面笔者将细致地考察格沃斯和康德道德哲学推论的异同。

考察PGC与绝对律令是否相似，思路有二。一是从经验上考察，研究这两种道德原则能否指导道德实践而不引起冲突；二是从推论结构上考察，研究这两种道德原则可否互相还原。第一种思路是归纳的，需要针对不同情境进行具体的案例分析，这不是本章的任务。第二种思路是分析的，贝勒费尔德对这一思路做了一定的讨论（Beyleveld and Brownsword, 2001, pp. 87-105; Beyleveld, 2016）。这里，笔者将延续这种思路，进一步说明PGC与绝对律令的关系。上面提到，康德从一般道德常识出发，进而推论出绝对律令，现在的问题是，从该前提出发，是否可以推论出PGC。按照康德的思路：

（i）道德意味着有普遍有效的规范性标准。

(ii) 道德原则对意志有绝对规范性，意味着它不能将任何具体的经验善作为自己的目的。任何对经验善的追求的正当性都应该以道德为前提。

(iii) 因此，对意志有绝对规范性的准则实际上只能将道德本身作为自己的目的（这实际上就是绝对律令）。

到这一步，都是康德式推论。这里，我们加入一个条件。我们把理解道德原则（道德推理）和按照道德要求去行动的能力称为人的道德能动性。我们知道，道德能动性本身得以充分实现，需要特定的资源和福利（追加前提 C1）。如果没有良心自由、理智自由以及保障基本生活的物质条件，那么道德自觉和道德实现都绝无可能。考虑 C1：

(iv) 如果有道德能动性，那么"我"必然要考虑对实现这种能动性的自由和福利诉权。

考虑到别人和"我"一样是道德 PPA（追加条件 C2）：

(v) 考虑 C2，PPA 必然要考虑 PPAO 将和"我"一样对实现道德能动性的自由和福利诉权，否则就如前文所详述的那样，PPA 将陷入自相矛盾的境地。

考虑到实现一切特定目的所必需的特定资源和福利都是以最一般的自由和福利为前提的（追加条件 C3），实现道德能动性的自由和福利，作为一种特定善，是以基本善为前提的：

(vi) 考虑 C3，PPA 必须承认所有 PPA 都有基本自由和福利权。

C1、C2 和 C3 这三个条件并不牵涉任何具体的经验善，本身没有规范性意义。C1 考虑人需要基本自由和福利（最一般的善）来践行道德能动性。C3 要求我们理解一般的自由和福利是实现任何特定目的的一般必要前提。C1 和 C3 是分析的。C2 要求我们认识到别人与我们一样是 PPA，这是一个事实判断。我们看到别人与我们一样，是有目的的存在者，同时像我们一样有脆弱性，受到自然法的支配，需要吃饱穿暖、有良心和理智的自由（基本自由和福利）才能实现各种目的，作为一个主体来生活。C1 和 C3 没有增加任何的经验不确定性，C3 虽然涉及一个事实判断，但它本身是非常确定的，是任何有基本理智的人都接受的一个事实。因此，追加这三个条件不会影响 PGC 在此推论中的绝对普遍规范性。在这一部分，笔者仿照康德从一般道德常识过渡到绝对律令的基本思路推论出了格沃斯的PGC。也就是说，如果我们认同有道德，那么道德应该是普遍有效的行为准则，我们可以在从这个前提推论出绝对律令的同时，再追加C1、C2和C3进一步推论出PGC。

更进一步，绝对律令和PGC在形式和内容上有不少相似之处。首先，PGC可以做康德式的变换。PGC要求PPA按照自己的基本自由和福利所要求的那样去行动，这显然是一种实践法（practical law）。所谓实践法，即在任何情况下，PPA都应按此准则行动。同样，PPAO也应当总是按照基本自由和福利所要求的那样行动，这是PPAO的实践法。再进一步，PGC要求PPA认同PPAO的基本自由和福利，认同PPAO按照基本自由和福利的实践行动是正当的。这里，每个PPA自己的实践法同时又是一个普遍法。它规定了人人都应该从实践性自我理解角度，按照自己的基本自由和福利所要求的那样去行动，同时还应该像认同自己的基本自由和福利那样，认同他人的基本自由和福利。显然，PGC和绝对律令一样，认同普遍法对意志的规定，所以它们在对意志的规定形式上是非常相似的。

除了形式，我们再来看PGC所规定的具体内容是否可以通过绝对律令的检验。绝对律令在检验行为的道德批准性时有两个标准：一是看一个准则普遍化以后是否会导致意志在工具理性意义上出现自相矛盾；二是看这种普遍化是否会导致意志内在的自相矛盾。康德用撒谎的例子来例证第一种情况，用自我荒废的例子来例证第二种情况。现在，我们来考察PGC所规定的基本道德内容（即格沃斯所说的PGC包含的质料部分）是否能够通过绝对律令道德批准性的两个标准的检验。

PGC推论在第一阶段说明了这样一种准则："我"意欲按照"我"的基本自由和福利所要求的那样去行动。一旦将这个准则普遍化，即所有人都按此准则行动，那么是否会导致"我"所欲求的目的不能实现呢？很显然，该准则的普遍化并不会导致工具理性意义上的自相矛盾，即按照PGC那样做不会导致行为自我取消，结果无非是人们按照互相尊重的方式生活而已。这也不会导致对主体自由理性意愿能力的任何损害，即主体的自我荒废的情况。因此，无论是PPA按照自己的基本自由和福利所要求的去行动，还是PPA按照PPAO的基本自由和福利所要求的去行动，都不会导致任何意义上的自相矛盾。这是因为最一般的自由和福利，作为 PGC 的内容，并不是实现任何具体经验善（目的）所必需的，而是实现任何目的的必要条件。拒绝这一点，实际上就是拒斥自己作为一个 PPA，这是自相矛盾的。

更进一步，对基本善的拒绝在康德语境中则并不能通过绝对律令的检验。如果将格沃斯的话语翻译为康德的话语，那么所谓的能动性其实就是意志的实践能力，而一个 PPA 无非就是一个有意志的存在者（being with the will）。一个发动意志的存在者（a willing being）可以为自己设置目的，制定实现该目的的准则，并按照这个准则去实现自己的目的。因此，不遵从 PGC 的行为的康德表达式可表述为：一个有意志的存在者拒斥自己是一个有意志的存在者。这在康德的绝对律令中，显然会导致意志内在的自相矛盾，无法通过其检验。至此，我们注意到 PGC 和绝对律令都采取了普遍法的形式，对意志的规范在形式上是一样的，同时在内容上，绝对律令并不拒斥 PGC 的内容，相反，它拒斥不按照 PGC 所要求的去行动。

四、PGC 与绝对律令的不同

上文阐明了 PGC 与绝对律令的相似之处，下面笔者将进一步分析康德和格沃斯的思路的不同点。我们将行为的基本结构表述为：从主体角度来说，主体必须追求基本自由和福利，以便实现任何目的 E。其中，E 可分为道德、非道德和不道德的目的。按照康德的话语，我们得出以下准则："我"做 X 是为了实现非道德（a）/道德（b）/不道德（c）的目的。在撒谎的例子中，"我"为了实现特定自私的不道德的目的而去撒谎。撒谎作为一种行为要求特定自由和福利："我"首先要活着，同时"我"的大脑不能被监控着，等等。在非道德的目的中，例如"我"想要一架飞机以便实现旅行的目的，"我"必然要求获得保障飞行的特定自由和福利，比如买一架飞机的钱、受到必要的飞行训练等等。在道德的目的中，"我"则必然要求实现道德的目的的那些基本条件，例如良心和理智自由、基本的物质保障等等。康德认为在（a）（b）（c）三者中，只有（b）是可以无条件地普遍有效化的，其他两者都只能推导出假言律令。按照康德的思路，从追求任何经验目的的准则出发是不可能得到道德律令的。

康德完全没有讨论基本需求的道德意味，他主要考察实践理性的结构和功能问题。在康德道德哲学中，经验需要主要对应的是本能诉求，道德对应的是超验/本体。经验与超验的张力使得道德对人的意志的规范性以律令的方式呈现。相较而言，格沃斯的 PGC 推论似乎并不排斥（a）和（c），也就是说，并不拒斥从假言律令中推论道德原则。例如"我想要一架飞机以便实现旅行的目的"这一准则，康德显然认为这是一个主观准则，并没有任何道德内涵，仅仅是为了满足本能需要。但是，格沃斯试图从中分析出那些普遍有效的东西。想要一架飞机，必然要求特定自由和福利的实现，而这些特定善的前提是基本善，也就是能动性成为可能的必要条件，即基本自由和福利。可见，在格沃斯看来，即使是经验准则，其中仍然有普遍性的内容。

格沃斯的 PGC 推论的确不是从道德行为而是从一般行为开始的。格沃斯的行为指的是一种目的性活动（Gewirth, 1980, pp. 21 - 42）。这种特定的活动在经验中有两种呈现，一种是伴随当下自我意识的，另一种是下意识的。例如，口渴取水喝既可以是自觉行为也可以是下意识行为。这两者都是格沃斯意义上的行为，因为前者的主体明确设定了目的，后者的主体通过反思可以对行为赋予目的性理解。但格沃斯的行为并不包括无意识行为和成瘾行为。一个精神病人在发病之时的动作并不是行为，因为它不具备当下或追溯意义上的目的性。更重要的是，成瘾活动也不构成格沃斯意义上的行为。

一个人在毒瘾发作时购买毒品并不算行为，因为其并没有自由设定自己的目的。一个对象之所以是目的，恰恰是因为它是主体自由所欲求的。成瘾活动带有强迫性，主体在意志上不断拒斥它，但无能为力。格沃斯把成瘾活动与一般自利行为也做了区分。这两者可能都受到一种炙热欲望的推动，其差别在于前者的主体完全没有自主性，后者的主体仍然是自由的。一个瘾君子购买毒品与一个自私的人考虑通过撒谎来获得财富之间的自由度差异是很明显的。我们认为前者是强迫性的，后者是自由的，也正因此，后者的主体需要对自己的行为负道德责任。在日常经验层面区分这两者，也不存在异常困难。

康德对自由行为的理解同格沃斯并不完全一致。康德认为，所有不道德行为都不自由，均受到本能的驱使，意志是他律的。只有道德行为才是自由的，因为它并没有被任何经验的、受制于本能的目的牵引。问题是，从这种康德主义自由行为出发，我们是不是会排斥格沃斯的方法呢？实际上，虽然康德和格沃斯在对自由行为的理解方面有所不同，但是他们最终的思路是相似的。为了澄清这一点，我们需要进一步考察两个问题。一是康德绝对律令推论是否是纯粹形式的，像我们通常理解的那样不能从任何目的引申出来。二是假如康德的绝对律令推论不是纯粹形式的，也是从对特定的目的的追求中引申出来的，那么这个目的与格沃斯PGC推论所预设的目的是否兼容。

康德绝对律令常常被认为是纯粹形式（formalism）的，这一形式化倾向常常受到批判（Hegel，2015；Sedgwick，2012）。其中有些批判是合理的，有些则不一定恰当。康德的目标毕竟只是提出一个程序性检验办法来衡量行为是否道德，形式化的努力在一定程度上是由这个目标决定的。但如果康德的绝对律令推论真的拒斥任何目的，而仅余法的普遍性和对意志的绝对规范性，那么我们将很难充分理解康德所举的不去帮助别人、不去发展自己的才能、自杀这三个例子为什么是不道德的。因为，将这三者的主观准则普遍化以后，并不会导致工具理性意义上的自相矛盾。某人嫌麻烦而拒绝帮助别人，某人贪图安逸而自我荒废，或某人因痛苦而自杀都没有在工具理性意义上造成自相矛盾。但是，康德认为主体并不能理性地意欲这种诉求的普遍化，一旦如此则会招致一种自相矛盾。笔者在前面的章节已经提到，除非康德实际上预设了一种人们不得不欲求的目的，否则以上行为不会导致自相矛盾。

假如存在这样一种目的，它对意志的规定可用来甄别一切行为的对错，也就是说，任何其他的目的，作为一种善都将以它为根本前提，那么这个目的就是人们不得不去追求的，否则追求其他任何目的都无法得到辩护。在康德的语境里，乌尔曼（Jennifer Uleman）认为这个目的必然是道德本身。康德所举的例子里实际上预设了一种理性不得不欲求的目的，这个目的不是经验的，而恰恰就是自由理性的意愿能力（free rational willing）本身，也就是人所特有的道德能动性（Uleman，2010，pp. 111 - 140）。

康德的自由行为因此可以被写为："我"做X是为了实现E。E不是任何经验的目的，而是非经验的道德本身。就此，黑格尔曾经给出过凝练的描述。在他看来，康德的道德就是"自由理性的意志意欲它自身"（Free rational will wills itself）（Hegel, et al., 1991, p.57）。或者说，自由理性的意志意欲它自己的自由理性的意愿能力（Free rational will wills its free rational willing）。这意味着，自由理性的意志对自我的实现有内在的兴趣。也就是说，人作为有理性的存在者，其道德诉求是一种内在诉求。自由理性意志的自我实现在现实生活中表现为人们对超越的、永恒的东西的追求。人注意到自己肉体的有限性，继而注意到自己在道德世界中的自由。

所以，我们可以将康德的绝对律令理解为是从"我做X是为了实现道德目的E"这一能动性的结构中推论出来的，与之不同，格沃斯则是从"我做X是为了实现任一目的E"中推论出PGC的。但是通过以上分析，我们注意到格沃斯的道德推论的核心并不是以任一经验善为基础的，他仅仅是将经验善作为其道德推理的起点。他并没有试图把道德原则建立在对特定经验善的追求之上，而是将之建立在实现任何目的的最一般的基本善的基础之上。基本自由和福利对能动性来说不是一个任性的经验条件，而是一个绝对必要的经验条件，其可以从PPA将自己看成PPA的实践性自我理解中分析出来。

如果一个人认为自己是PPA，将自己看成有目的的有机体，那么这必然要求他/她把自己看成自由的，同时他/她必然要求同外界进行能量交换，因此必然诉诸基本自由和福利。若换作康德的话语，能动性无非就是实践理性，道德能动性就是纯粹实践理性。而基本善也是实践行为的必要条件，这样一来，捍卫基本自由和福利就是捍卫纯粹实践理性自身，就是捍卫道德。在实践中，我们注意到虽然格沃斯的推论起点不排斥不道德行为，但他的推论结果PGC却拒斥不道德行为。不道德行为本身将引发一种意志上的自相矛盾，即一个PPA拒斥自己的能动性。这进一步说明了道德的规范性在格沃斯这里也并非建立在任意的经验善基础之上。可见，康德和格沃斯分别从善良意志和一般意志推论出最高道德原则，虽然方法不尽相同，但是彼此并不互相排斥。

康德和格沃斯道德哲学的另一点重要差异有关其善论在道德推理中的作用。统言之，康德道德哲学主要区分了善良意志（道德善）、圆善（全善）和经验善等概念，而格沃斯则关心评价善、必要善、断言善。在康德道德哲学的框架中，经验善是本能所欲求的对象。经验善的善性是有条件的，它只有在不与道德产生冲突时才是善的，否则是恶的。例如，满足自己的食欲，只有在同时能够保持生命健康、有益于社会的时候才是善的，而贪吃损害自己的身体则是恶的。善良意志则完全是纯粹的善，它的善性自在完满，不受到任何条件的限制。康德对善良意志的描述颇令人费解。究竟什么是没有任何限制的善？这个命题是不是可能、是不是有意义都值得进一步考察。这里，我们姑且把善良意志看作一种形而上学假设，即如果我们相信道德存在，我们就有必要去想象一种绝对的善良意志，否则道德或许就不可能。如果没有善良意志，善就要从它欲求的经验目的中引申出来，这样一来，一切的原则都只能是假言律令，而不可能有绝对律令。

相反，由于善良意志是自在完满的，即使受条件所限它不能在现实生活中充分实现，它自身仍然是善的，经验目的的实现与否对善的完满程度并无任何增减。这样一来，从绝对善良意志中就有可能引申出普遍有效的道德准则，因为它是无条件的、有超越性的。可以说，善良意志是康德道德哲学的基础。一个绝对善良的意志必然是自由的，它自己为自己立法，否则就是他律的，不再是绝对善良的意志。康德继而讨论了善良意志立法的可能，这自然过渡到了道德形而上学中对自由的讨论，本章不做多论。

需要注意的是，虽然康德强调善良意志，但是他并不厌弃本能。康德认为人自然会欲求本能的满足，这是无可厚非的（Johnson，2002）。一个理想状态是达到圆善（全善），即德福一致，德能配福，福能崇德。康德对本能和善良意志的本体论区分在其方法论上是必然的，只有这样才能在其理论结构中为道德找到稳固的根基。但这同时也带来巨大的代价，即解释道德动机问题：如果道德从根本上是超验的，那么"我"为什么要道德呢？对这个问题，可以分为两个小问题进行考察：

（a）"我"在动机上为何要按照绝对律令要求的去行动？
（b）"我"为什么要在动机上意欲自己的主观原则是实践法的同时也

是普遍法（universal law）？

(a) 指出，如果康德的道德律令是纯粹形式、无涉经验的，那么道德律是如何能够促成道德行动的呢？康德引入了"尊重"（reverence/respect）一词来解决这个问题。从最直接的经验来讲，我们的确常常体验道德勇气和情感，但这不是尊重，而是尊重导致的一种情感。并不是尊重推动了人的行为，推动人行为的是尊重感，也就是尊重在人的心灵中唤起的那种特定的态度。问题是，本体的善如何能够唤起这种态度呢？这是一个繁难的问题（Reath, 2009; McCarty, 2008）。康德主义者试图通过各种办法来回答这一问题。一种思路考虑理性本身就是实践的，理性能够激发情感，至于如何激发则不太清楚。另一种思路认为尊重感就不是一种属于肉体的情感，而是一种属于本体界的特殊情感。针对这一问题，学界尚未有共识。

(b) 问题更加突出。虽然康德绝对律令推论能说明作为主体意欲自己的准则是一个实践法，但是它并不能立刻说明为什么它又是一个普遍法。一个实践法的普遍化与一个普遍法的普遍化有根本区别。"我"认同"在别人需要帮助时我将给予帮助"这一准则作为实践法意味着"我"认同"只要别人需要帮助，我总是给予帮助"，但是康德绝对律令不止于此，它还要求"我"认同"他人认为在别人需要帮助的时候都应该给予帮助"，他人也要认同"我认为别人需要帮助的时候应该给予帮助"。最后一点，仅仅靠康德的纯粹理性并不能立刻知会我们，它显然要求纯粹理性之外的经验内容来进一步给我们提供指导。

格沃斯对善的讨论试图规避以上问题。格沃斯讨论了评价善、必要善和所谓断言善。他并没有去设想一个绝对的善，因此不用进入善的形而上学，也就不用把道德和经验划分在两个存在领域，因此也就规避了回答超验的自由如何能够给经验的人提供动机的挑战。具体而言，在格沃斯那里，虽然善不能脱离人的评价存在，但这并不立刻意味着它是随人臆断的。有些善是人们不得不追求的。在格沃斯那里，人们对能动性的欲求是必然的。人就是PPA，虽然PPA的确能拒斥能动性，但是他/她却无法理性（符合逻辑）地拒斥它。因为拒斥它首先需要预设它，主体因此陷入自相矛盾的境地。这意味着PPA必然要认同能动性（有进行目的性行为的能力），因此必然要求基本自由和福利得到保障。当注意到他人也是PPA时，根据LPU，他/她必然认同他人与其一样有基本自由和福利，继而推出PGC。正是这种辩证必要性的办法，使得格沃斯的善论并没有将善分为超验和经验两种类型。

没有这种区分，格沃斯既比较好地解决了道德动机问题，也跨越了从个体的实践法到普遍法的鸿沟。对PPA来说，他/她之所以要按照PGC的要求行动，完全是因为这是实践性自我理解所内在要求的。具体而言，格沃斯的PGC能够立刻说明每一个PPA，从自己内在慎思的角度来讲，都应该考虑（consider）自己有基本自由和福利权。而且，PPA必须考虑"从自己是PPA推论到自己有基本自由和福利权"是一个正确的推论。为何如此呢？格沃斯在这里用了一个有关"能动性充分条件的论证"（argument for the sufficient of agency，ASA）。假如一个PPA认为自己有基本自由和福利的原因是其具有能动性之外的属性D。这时候，我们问他/她假如没有D，他/她还是否拥有基本自由和福利。如回答有，那他/她显然陷入了自相矛盾的境地，因为他/她认为是属性D让其拥有了基本自由和福利，但是属性D没了，他/她却仍然坚持自己有基本自由和福利。如回答没有，那他/她也会陷入自相矛盾的境地，因为如果认为自己没有基本自由和福利，那么他/她将无法把自己理解为PPA。

因此，PPA的能动性，在PPA自身看来（from internal viewpoint of the PPA）应当被考虑为其有基本自由和福利的充分必要条件（Gewirth，1980，p.110）。继而，PPAO将从"PPAO必须考虑自己有基本自由和福利"推论到"PPAO有基本自由和福利"是正确的推理。更进一步，根据LPU，PPA必然也认为PPAO有基本自由和福利，而不再仅仅认同PPAO认为PPAO有基本自由和福利。到这一步，我们看到PPA的主观原则将被转化为一个普遍法。主体不仅认同自己从自己的角度应当诉权，认同别人从别人的角度应当诉权，而且像认同自己的诉权那样认同别人的诉权。

五、格沃斯PGC推论的特点

综上，格沃斯试图通过他的PGC回答前文提到的道德哲学三个重要问题。首先，就道德权威问题而言，PPA重视道德的原因是他/她通过内在辩证慎思，注意到能动性本身内在地要求他/她重视道德。其次，就分配问题而言，所有的 PPA 的权利都应该受到保护。根据能动性的强弱，我们也应该为有潜力具备能动性的儿童和具备一定能动性的动物提供道德关切。最后，就内容问题而言，基本善、附加善和高级善是值得关注的道德利益。道德行为应该关注的，恰恰就是这些善的转移问题。

格沃斯 PGC 的规范性具备两个特征：从逻辑必然性角度来看，PGC 具有形式上的必要性；同时，由于 PGC 保障基本自由和福利权，它又规定了内容的必要性。形式和内容的必要性决定了 PGC 是一个既普遍又具体的道德原则。格沃斯认为 PGC 能够帮助我们明晰权利和义务。从消极层面看，PPA 拥有基本自由和福利权意味着他人有义务不去剥夺这种权利。从积极层面看，当条件允许时，人们应该努力去帮助那些出于种种原因未能全面获得这些权利的人获得权利（Gewirth, 1980, pp. 136 - 138）。同时，PGC 所规定的权利和义务也并非无限制的。PGC 规定了 PPA 与施为对象之间对称的权利和义务关系，任何一个 PPA 的行为都不应引起他/她同施为对象之间非对称的善的转移。从权利和义务的边界方面看，这意味着 PPA 对他人的帮助不应该导致自己丧失基本善。PGC 禁止一个人通过牺牲自己的生命去提高他人的高级善，但通过牺牲自己的高级善而帮助别人保障基本善和不可剥夺善则是被允许的（Gewirth, 1980, p. 140）。

就 PGC 应用的具体案例而言，在儿童权利的讨论中，格沃斯提到儿童是潜在的有目的的 PPA，因而根据他们的理性水平，应该按照比例（proportion）保障他们的权利。在动物福利方面，格沃斯认为虽然动物不是完全的 PPA，但是它们同 PPA（人）一样分享情绪感受，这些情绪感受对实施有目的的活动至关重要。根据 PGC，动物也需要得到适当保护（Gewirth, 1980, p. 144）。格沃斯的这些先锋讨论，对今天的一些重要伦理议题（诸如未来世代的权利和动物伦理等议题）产生了重要的影响。

可见，康德和格沃斯关于道德哲学的讨论，具有一些基本相似点。第一，他们都认同道德旨在给行为提供普遍有效的标准。第二，他们都是道德基础论者，认同道德有且仅有一个最高原则。但是，格沃斯的道德规范性并不是一开始就预设的。他没有将道德的普遍有效性当作论证的前提，他的道德法则的普遍有效性是从主体对能动性的辩证分析中得出的。因此，即使是一个道德相对主义者，通过内在辩证慎思，出于辩证必要性的需要，仍然会承认PGC的普遍必要性。这说明道德规范性并不是外在于主体的，而是与主体的规范性承诺直接相关的，是人在对自身作为PPA这样一种存在方式的辩证反思中确立的。既没有脱离人的道德，也没有脱离道德的人。

另外，不同于康德从认识论把世界分成物自体和现象，并最终将道德的普遍有效性建立在超验本体之上，格沃斯的思路完全拒斥了不可验诸经验的形而上学，这使得他的理论不需要悬设不证自明的超验自由，从而对崇尚科学的当代人来说或许更具说服力。最后，格沃斯的道德哲学并不对人做任何目的论假设，而仅仅将人看作PPA，进而抽象出所有人共有的施为能力的一般结构。人不需要企望神，不需要追求德福一致，不需要假设理性有超越本能的目的。一个完全没有道德理想的人通过内在辩证慎思仍然会认识到PGC的普遍必要性，接受PGC对自己意志的绝对规范性。

六、结论

本章介绍并比较了康德和格沃斯道德哲学的异同。康德的道德哲学具备三个重要特征：第一，康德预设了特定时代的道德共识和直觉，认为道德原则必然是具有普遍有效性、放之四海而皆准的，并在此基础上去追问这样的道德成为可能的条件是什么。第二，康德将道德原则的普遍有效性建立在先验自由之上，并最终诉诸本体界、现象界的二分来给道德的超越性奠基。第三，康德道德哲学预设了特定的目的论理解，认为人的本质必然要求他/她去追求德福一致，企望上帝。康德道德哲学的三个特征引起了长久的讨论，其说服力在当代社会不断受到挑战。相比之下，格沃斯将道德最高原则PGC的规范性建立在PPA对能动性的辩证慎思之上。一个PPA如要行为，则必须具有基本自由和福利，正因如此，他/她必须宣称自己有权获得基本自由和福利。当他/她意识到他人是具有同样能力的PPA时，根据LPU的要求，他/她必须认同他人同其一样具有基本自由和福利。格沃斯对PGC的辩护既不需要假设道德共识，介入形而上学，也不需要对人持有特定的目的论理解。因此，PGC在一个充斥着文化多样性的时代或许更具道德说服力。

第五章　PGC推论的主体间性问题

在前一章，笔者比较了格沃斯和康德道德哲学的异同，我们注意到格沃斯和康德都认同有一个最高的、普遍有效的道德原则，并将此原则奠基于理性。但是两者也有诸多区别，其中最为明确的区别在于，格沃斯认为从假言律令出发也可以推论出具有普遍有效性的道德律。在本章中，笔者将具体考察格沃斯推论中所涉及的主体间性问题。第一，笔者将说明，基于什么理由，我们在不能确知他人也是PPA的情况下将其当作PPA。第二，笔者将说明，从"每个PPA从自己内在辩证慎思的角度看，应该认同自己有基本自由和福利权"如何能够推论出"我们要认同彼此的基本自由和福利权"。只有解决了格沃斯的PGC推论中的主体间性疑难，才能进一步说明他的PGC推论的合法性。

一、背景

格沃斯通常被看成一个康德建构主义者（Kantian constructivism），他试图延续康德的思考框架来重建道德哲学。前面笔者已经详细地分步骤介绍了格沃斯的思路，也就其与康德道德哲学的异同进行了比较。康德道德哲学推论说明了人不能仅仅被当成手段，而应该被当成有目的的存在者。这在康德的语境下意味着，"我"和他人都要分别从自己的第一人称视角出发，认识到自己有根本的内在价值，因为我们都必须把自己看作自由的。"我"这样看待自己，于是认同这一说法；"他/她"也这样看待自己，因此"他/她"也认同这一说法。但是，康德推论实际上不能立刻说明为什么"我"要认同"他/她"不仅是手段也是目的，以及为什么"他/她"也要认同"我"不仅是手段也是目的。也就是说，为什么自己出于对自己超验自由的必要悬设所推导出来的原则具有跨越主体的规范性。

具体来看，"我"把自己看作自由的，据此能推论出"我"不仅是实现特定本能诉求的一种手段（具有价格），同时"我"自己也是目的本身（具有尊严）。这一推论从主体的第一人称视角出发是一个有效推论。"人是目的"之所以对自己的意志有绝对规范性，是因为它建立在主体内在的推理之上。即是说，如果"我"认同道德是可能的、人是自由的这一前提，"我"就必然要认同"自己是目的"。但是"自己是目的"与"人是目的"是不一样的。"人是目的"不仅要求"自己是目的"，还要求"别人也是自己的目的"，以及别人眼中"我也是他们的目的"。因此，从"自己是目的"推论到"人是目的"仍然需要进一步说明。

一种思路是尝试通过纯粹的逻辑演绎来说明这种可能。如果有 P 是 S 有 Q 的充分必要条件，那么有 P 的 S1、S2、S3……都有 Q。康德推论可以进一步被修改为：把自己看成自由的（P）是主体（S）将自己看成目的（Q）的充分必要条件。"我"（S1）因为有 P 所以有 Q，根据 LPU，所有有 P 的主体（S1、S2、S3……）都有 Q 因此是一个正确的推理，即"我认识到所有人都是目的"。这个推理初看并无太大问题，但是如果仔细反思康德的推理过程，就会发现严格来讲，康德仅仅说明了人如果要把自己看成自由的，就必须把自己看成目的。在这样一个前提下，使用以上推理，我们所得到的仅仅是"我认识到所有人都应当将自己看成目的"而不是"我认识到所有人都是目的"。要说明后者，似乎我们必须说明从"每个人必须把自己看成目的"推论到"人是目的"是如何可能的。恰恰这一点，康德并没有给予明确说明，这值得进一步考察。

二、PGC 的主体间性问题

格沃斯的思路从人对自己的能动性的辩证慎思出发。他认为，如果"我"要把自己看成主体，"我"就必须向基本善诉权。根据 ASA，"我"必须将"我"诉权当成"我"有基本权利的充分理由。考虑到他人一样是主体，根据 LPU，"我"必须认识到他人也会向基本善诉权，他人和"我"一样有基本自由和福利权。这个推论有两个问题值得商榷。一是关于他人是否是 PPA 的确证问题。二是根据 LPU，PPA 认识到的是"每个人从自己的角度看都应该把自己看作有权者"，它是如何能够推论到"我从自己的角度也要把别人当成有权者"的呢？

首先，如果别人不是 PPA，没有像"我"一样的目的性活动，"我"就没法承认基本善对能动性的绝对必要性也是构成他们有权的理由，进而根据 LPU 认识到他们有这一权利。的确，事实上我们永远都无法知道别人是不是有目的的存在者，我们唯一能确知的是自己是不是有目的的存在者。既然"我"不能确定别人是否是 PPA，那为什么"我"必须去认可他们的权利呢？这于"我"而言有什么好处呢？一个杀人犯可以狡称杀的不是人，是畜生。他/她从根本上不认同受害者具有主体地位，因此剥夺受害者的基本自由和福利也就无所谓了，并不会导致自己陷入自相矛盾的境地。PGC 显然只约束主体之间的行为，并不能对主体与非主体之间的行为造成任何约束。可见，PGC 推论在此遭遇了"他心"问题，考虑到该问题的繁难程度，PGC 推论似乎遇到了巨大挑战。

"他心"问题所造成的困难主要是认识论意义上的，而 PGC 推论则是一个实践性自我理解的问题。将"他心"问题放置在实践情境中讨论可以在很大程度上回避其认识论困难。作为一个 PPA，"我"注意到他人既可能是也可能不是 PPA。在认识论上，我们通常需要找到一个所谓客观的标准来鉴别。这一标准是什么呢？一种思路是诉诸经验感知。英语当中有句名谚：如果一个东西走起来像鸭子，叫起来像鸭子，那它肯定是鸭子。我们不用去察知对方内在的心理体验，而只需要观察他/她外在的一系列表现，比方说他/她是不是按照计划行事，有没有为自己的行为辩护，有没有自我宣称也是一个 PPA，等等。这些内容都是可以得到确证的，且满足了这些经验性的外在标准，我们就可以将对方认作 PPA。从认识论角度来说，功能主义的解释总不尽如人意。如果有一个高级机器人，它的一切外在表现与人无异，但是实际上并没有任何内在的心理活动，并没有意识到自己的行动作为一种选择的可能，而仅仅是按照预先植入的程序行动，那么我们是否要把它当作 PPA 呢？显然，如果严格按照格沃斯的思路，那么高级机器人并不是 PPA，主体性在格沃斯看来是一种实践性自我理解的结果，是人自我建构起来的。机器人谈不上对自身有任何理解，更谈不上自我建构，它无非是一个程序执行者，因此不是 PPA。

如果格沃斯的逻辑不能认同功能主义的主张，在认识论上主体又根本不可能超越主体间性直接体会对方的内在感受，在认识论上主体就永远无法确知对方是否为真正的 PPA。但是格沃斯的 PGC 推论并不旨在做认识论努力，其关注的核心问题不是我们能否充分确知旁人也是 PPA，而是我们是否有实践性理由将对方当作 PPA。一个杀人犯可能有理由将受害者当成非 PPA。他/她内在的思路是：

(i) 如果"我"要实现自己特定的目的，"我"就要除掉对方；(ii) 无论实现任何特定目的 E，"我"都需要最为一般的能动性，它是实现一切目的的基础；(iii) 因为基本自由和福利是一般能动性的前提，所以"我"必须对其诉权，根据 ASA，我有基本自由和福利权。增加条件：

他人有可能是/不是 PPA。

如果他/她是 PPA，那么根据 LPU，所有有 P 的 S 都有 Q，"我"必须承认他/她的基本权利。这将导致：(a)"我"坚持杀掉他/她，继而使得自己陷入自相矛盾之中；(b)"我"放弃杀掉他/她。如果他/她不是 PPA，那么杀掉他/她只会带来一个结果，即"我"既实现了自己特定的目的，又没有陷入任何自相矛盾之中。因此在实践上，在他/她是与不是 PPA 之间，"我"有理由选择相信他/她不是。即使他/她的一切外在表现都似乎说明他/她是一个 PPA，"我"仍然选择相信其并不是真正的 PPA，以此来为"我"的故意杀人罪辩护。当然，如果在现实生活中有人以此为自己辩护，那么我们大概会觉得其是一个精神病人。在判断他人是不是 PPA 这一问题上，生活常识在日常意义上足以给我们提供认同他人能动性的足够理由。但就哲学讨论而言，我们无法满足于生活常识，仍需要进一步说明在实践上我们究竟有什么理由去选择相信他人也是 PPA。贝勒费尔德等针对这一问题提出了一个所谓出于谨慎理由（precautionary reason）的辩护（Beyleveld and Pattinson, 2000）。关于他人是否为 PPA 以及"我"对其的基本态度，有以下几种情况（见表 5-1）：

表 5-1 四种不同情况

	PPA	非 PPA
伤害	PGC 禁止（1）	PGC 无关（3）
不伤害	PGC 要求（2）	PGC 无关（4）

在（1）的情况下，如果他人是 PPA 而"我"仍然选择伤害他/她，那么这必然为 PGC 所禁止："我"陷入自相矛盾，既认同又排斥自己的主体性，无法为自己的行为提供前后一致的理由。也就是说，"我"无法合乎理智地为"我"自己的杀人行为做任何辩护。杀人犯了故意杀人罪，"我"必然要接受故意杀人所带来的一切惩罚。这些惩罚可能会剥夺"我"的基本善，但是这种剥夺是正当的，因为实际上是"我"自愿地让渡的。其基本逻辑是："我"明明知道对方是 PPA，是不可被侵犯的存在，明明知道若侵犯对方就会导致惩罚并因此丢掉自己的基本善，但是仍然选择了侵犯。一言以蔽之，"我"杀人偿命。（2）的情况是 PGC 所要求的，即一旦"我"知道他人也是 PPA，根据辩证慎思，"我"必然要不伤害他/她的基本善。在（3）和（4）的情况下，PGC 都不对"我"产生任何规范性，"我"完全可以出于任何其他理由选择伤害或不伤害。比方说杀不杀一头牛于"我"来说都行，如果想吃肉就杀，想用牛耕地就不杀，这些判断都是道德无涉的。

在以上这些条件明确之后，针对是否将对方"当成"PPA（并非确知对方是不是 PPA）并因此决定如何对待他/她这一实践性问题，PPA 可以有以下思考。如果选择伤害，那么结果是（1）和（3）；如果选择不伤害，那么结果是（2）和（4）。在没有其他条件出现的情况下，出于谨慎，"我"有理由选择不伤害，这将保证"我"在任何情况下都不违反 PGC 的要求，这是贝勒费尔德等的看法。

现在的问题是，是否有一些情况使得我们有放弃谨慎的理由呢？一个人可能出于自己特定的目的选择不相信他人是 PPA。一个人可以想：(a) 出于谨慎，"我"有理由选择不伤害；(b) 出于自利，"我"选择伤害。出于对 (b) 的强烈渴望，一个人可能会低估 (a) 的必要性，高估 (b) 的收益。这在杀人案例中或许表现得不太鲜明，但试想一个教徒来向你传教，讲了一番天堂和地狱的故事，你可能会想：（a）世界上可能有天堂和地狱也可能没有天堂和地狱，出于谨慎考虑"我"相信有；（b）出于对世俗生活的无比热爱，"我"选择不相信有所谓天堂和地狱。一个人可能在（a）和（b）之间进行权衡。如果他/她天性谨慎，对世俗生活的纸醉金迷本身兴趣不是很大，那么他/她可能选择（a）作为压倒性理由，反之则会选择（b）。可见，在此我们就把选择是否将他人当作 PPA 的裁判性理由，最终让渡给了一种主观的趣味，这是我们不能接受的。

实际上，就是否给予他人主体性这一问题，笔者认为个体在自利与谨慎的理由之间只能选择后者，并没有随意选择的自由。从第一人称视角出发，如果"我"选择自利理由作为压倒性理由，那么一旦出错，其损失就是根本性的道德损失，如果我对，其获利则仅是功利性满足。相反，如果"我"选择谨慎理由作为压倒性理由，那么一旦出错，其损失就是功利性损失，如果对，其获利则是道德性满足。但问题是，任何功利性收益都应该以道德为前提。骗人挣钱显然是可鄙的，杀人夺权显然是残暴的。如果我们仍然对道德是一切幸福的前提这一看法抱有信仰，那么增加这个前提后，我们就知道竭力避免 PGC 所禁止的结果是个体选择的压倒性理由。因此，"我"在是否给予他人主体性问题上应该优先选择谨慎理由。

现在的问题是，道德是一切功利性追求的前提这一看法如何能够成立。凭直觉而言，任何行为都应该以道德为前提。康德道德哲学也预设了这一基本看法。在他看来，不仅是功利性追求，美德也应该以道德为前提。一个杀手的冷静尤其恐怖，而他的软弱则反倒是一件好事。我们预设道德是一切活动的规范性的基础，任何具体活动都不能与之相悖。比方说，法国某些地区曾经有一个"抛矮人"（Dwarf Throwing）的游戏，这个游戏的内在规则规定了人们如何正确地抛矮人、什么是胜负的标准等等，但很多人认为它内在的游戏规则应当建立在道德的批准之上。考虑到这个游戏有损人的尊严，其最终被禁止。在格沃斯那里，道德是一切活动的合法性前提这一判断可以从道德本身的概念中分析出来。如果我们将道德原则定义为最高的规范性原则，那么其他次级原则显然不能与之相背。格沃斯的推论从一开始就对道德做此理解。

另外一种情况要更加复杂一些。人们可能会问，虽然"我"在功利性和道德理由面前要优先选择后者,但是如果两种道德理由相冲突呢?比方说,"我"杀掉一个无辜的人是为了将其肝脏捐给一位勇士,继而使得我们免于战争威胁呢?一场战争会导致成千上万的人伤亡,而牺牲一人看起来是值得的。在这种情况下,"我"有没有理由不把受害者当成PPA以便合法地剥夺他/她的基本自由和福利呢?首先,我们要问自己是否犯了一致性的错误。"我"既然把可能损失的成千上万的人当作PPA,那么为什么单单把受害者当成非PPA呢?如果"我"认为人人都是PPA,那么人的数量与是否给予他们主体性是无关的。一个人是PPA,成千上万的人无非是成千上万的PPA。因此,如果我们把他人当成PPA,那么我们必然也要求自己将受害者当成PPA。至于为什么还要继续牺牲一个PPA而保护一组PPA,则似乎需要引入功利性原则进行裁决。这就与我们讨论的主体间性问题关系不大了,在这种情况下,"我"清楚地知道所面对的个体和群体都是PPA。

或者"我"注意到将要被牺牲的那个人看起来脑袋很不灵光,而需要保护的那些人则看起来聪明健康。"我"继而推断,如果在人群中有人实际上不是PPA的话,那么一定是那个脑袋很不灵光的人。再或者,"我"和其他人相对熟悉,"我"是他们的君王,他们是"我"的子民,而受害者则是一个外来户,刚刚迁入都城不久,"我"与他/她很生疏,加之其异域口音和另类生活习惯,令"我"觉得假如有人不是PPA的话,那么一定是他/她。在这种情况下,如果面临杀掉一人救活一城人的迫切压力,"我"是否有理由认为受害者不是PPA呢?在这种情况下,"我"出于保护更多的PPA之故而选择承认/不承认受害者的主体地位。

在这种情况下,出于谨慎,"我"考虑如果"我"不承认其是PPA会有两种结果:如果他/她是,那么伤害他/她为PGC所禁止,但是同时保护了成千上万人的主体性,这是PGC所支持的[情况(1)];如果他/她不是,那么对受害者而言PGC无涉,同时保护了成千上万人的主体性,为PGC所支持[情况(2)]。如果"我"承认他/她是PPA,也有两种结果:如果他/她是,那么PGC支持"我"尊重他/她,但是同时导致了成千上万人的主体性被剥夺,这为PGC所反对[情况(3)];如果他/她不是,针对受害者PGC不产生规范性,但导致了成千上万人的主体性损失,这为PGC所反对［情况（4）］。

在以上情况中，PPA从谨慎理由出发应该如何抉择呢？现在的问题是，PGC是否支持一个功利性原则，即在一人和多人的基本权利可能冲突的情况下，是否应该遵守基本权利的最大化原则。如果是，那么出于谨慎理由，PGC似乎给了"我"一个不将受害者看作PPA的理由，因为情况（1）和（2）都不会导致多人的主体性被剥夺，而情况（3）和（4）显然会导致这一结果。如果我们认为PGC在基本善问题上不能坚持功利性原则，也就是说我们不能为了保障多数人的基本善去剥夺个体的基本善，而是应该首先考虑谁最直接受到"我"的行动的影响，那么，"我"就可能选择认同他/她是PPA。因为情况（1）必然会侵犯他/她的基本权利，情况（2）无涉，情况（3）会尊重他/她的基本善，而情况（4）无涉。

贝勒费尔德等有关谨慎理由的讨论并没能深入考察这些问题。但是通读格沃斯的PGC推论，作为一名康德建构主义者，他基本上还是延续了义务论的基本传统。格沃斯专门讨论了PGC与功利性原则的不同之处。他认为PGC不可能要求通过牺牲个人的基本善来增加群体的附加善。他提出，真正帮助我们进行权衡的原则不是功利性原则而是能动性的必要条件原则，即通过考虑善的转移对能动性的影响程度来判断是否批准特定行动（Gewirth，1980，pp. 197-200，352-353）。例如，"我"是一名游泳冠军，牺牲五分钟的散步时间去救起一个落水小孩是"我"应当做的，因为"我"牺牲的仅仅是附加善，而拯救的却是小孩的必要善。而"我"却不应当牺牲"我"的必要善去增加别人的附加善，即使是集体的附加善得到提升也不能构成批准该行为的理由。

这一点很容易理解。通过牺牲一个人的生命让一万个人每人获得一万美金，显然是PGC无法批准的。根据能动性的必要条件原则，当面临用个体生命来换取群体财富的情境时，"我"将更有理由将个体看成真正的PPA。但真正的困难是，当面临是牺牲一个人还是一群人的必要善这一选择时，我们应该遵循什么原则呢？"我"应该更加倾向于相信还是不相信这个人是PPA呢？这里，仅仅是能动性的必要条件原则已不能再指导行动，不能再为慎思提供理由了。格沃斯没有专门讨论过杀一救万的例子，但他讨论过电车困境问题。如果"我"超速驾驶，可能伤害一个人或者十二个人，那么"我"应该怎么选择呢？

格沃斯认为根据PGC，"我"首先有避免超速驾驶的责任，即假如"我"有选择，那么"我"应该严格尊重任何人的基本善。如果"我"的确已经处于二选一的情境中，那么"我"的能动性实际上是受限的，无论怎么选，都会伤人。在这一极端情况下，格沃斯认为"我"应当选择伤害一个人而非十二个人（Gewirth, 1980, pp. 352-354）。可惜的是，格沃斯并没有明确说明在此情境下为何应做此选择，仅仅根据能动性的必要条件原则是无法提供决策理由的。一个人的基本善对一个人来说是必要的，正如一万个人的基本善对一万个人来说是必要的一样，这两者在能动性的必要性上程度是一样的，没有差别。如果格沃斯坚持杀一救万的选择是出于道德理由，那么他或者要从PGC中演绎出其他准则，或者要引入其他原则来支持这一论点，而被引入的原则也必须是道德性原则，否则为什么要照其行事仍需得到道德性说明。笔者认为这里势必要引入一个基本善的功利性原则，即认为剥夺万人的基本善要比剥夺一人的基本善在道德上更加不可接受。

重新审视PGC，其内容是：总是按照你和他人平等的普遍权利所要求的那样去行动。这一原则可以推论出一个次级的计算原则，即能动性的必要条件原则，以帮助权衡基本善和附加善的转移。但笔者认为PGC无法直接推论出权衡基本善冲突的原则，基本善的功利性原则实际上超出了PGC所规定的内容。仅仅根据PGC，是无法做出选择杀一救十二的决定的，但格沃斯却认同这一选择。遗憾的是，他并未就此做出更多的说明。

让我们延续这一讨论，回到主体间性的问题上来。在杀一救万的例子中，如果一个格沃斯主义者未能明确知道所要牺牲的对象是不是PPA，他/她则更有理由认为他/她不是。这样，就能保全更多人的基本善，同时也可以对剥夺个体的基本善进行辩护。如果一个格沃斯主义者明确知道个体和群体都是PPA，就像在电车困境中的情况一样，那么他/她会选择杀一。但这里所面临的就不再是主体间性问题了，即不再事关有何理由将某人更加倾向于看作还是不看作PPA。

综上，笔者讨论了PPA出于何种理由选择相信他人也是PPA这一问题，指出无论是格沃斯还是贝勒费尔德等的讨论都没有给我们提供一个完全清晰的答案。这一问题仍然值得进一步思考。除了在这一个步骤所遇到的主体间性问题，PGC推论的另外一个步骤也遇到了类似的挑战。即从"每个PPA从自己的角度都要认同自己有基本权利"如何推论到"我认同别人的基本权利"和"别人认同我的基本权利"呢？这一挑战事关规范性来源问题，因此更为重要。针对这一问题，科斯嘉德专门做过讨论，在学界引起了广泛的反响。

三、科斯嘉德私人理性的讨论

科斯嘉德等（Korsgaard and O'Neill，1996）承袭了威廉姆斯对格沃斯的批评，指出格沃斯的PGC推论在关键性步骤上未能越过主体私人理性与公共理性的鸿沟，这使得其道德哲学归根结底是一种自利主义理论。为了充分解析科斯嘉德的批评，我们先扼要地回顾一下格沃斯的推论思路：

（i）如果"我"将自己的行动理解为行为（目的性的行动），"我"即认识到自己是PPA。

（ii）保障能动性最根本的条件是基本自由和福利，没有它们，能动性将不可能。

（iii）考虑（ii），"我"必须向基本自由和福利诉权。

（iv）考虑（iii），根据ASA，"我"宣称"我"有权。

（v）"我"认识到其他人（PPAO）和"我"一样是PPA。

（vi）考虑（iv）和（v），根据LPU，"我"认识到所有PPA都有基本自由和福利权。

威廉姆斯（Williams，2011，pp. 60-79）指出，从（i）到（iv）的推论都没问题，问题出在（v）和（vi）。在他看来，尽管"我"认识到基本自由是必要的，因此必然要求他人不去剥夺它，但是"我"并没有理由不去剥夺他人的基本自由，因为"我"并不需要它来实现自己的能动性。他人的基本自由对他人来说是必要的，但是对"我"来说不是必要的。既然"我"认同基本自由不被剥夺的理由仅仅是它对自己能动性的必要性，那么"我"就没有理由去认同别人的基本自由不被侵犯。科斯嘉德继承了这一批评，她认为格沃斯试图采取这样一种论证逻辑：你理性地按照特定的规范性观念理解自己，这使你必然珍视自己的一些属性，根据 LPU，你也应当按照特定的规范性观念理解别人，珍视他们的一些属性。既然"我"将自己的人性看成规范性之源，根据 LPU，"我"也必须如此看待你的人性。很遗憾，科斯嘉德没有特别细致地讨论格沃斯的论证。如果我们将她以上的批评代入格沃斯论证的细节，其批评可以写为：

(i)"我"对自己采取了一个特定规范性的理解，即"我"是 PPA。

(ii) 根据 (i)，"我"珍视自己的目的性活动。

(iii) 考虑 (i) 和 (ii)，根据 LPU，他人珍视他人的目的性活动。

(iv) 考虑以上，根据 LPU，"我"认识到"我"也应当珍视他人的目的性活动。

很显然，(iii) 说明应当珍视他人的目的性活动，这意味着"我"应当珍视他人实现这种目的性活动的前提条件，即他/她的基本自由和福利。科斯嘉德注意到，"我"珍视自己的目的性活动和他人珍视他人的目的性活动出于同一个私人理由，即如果"我"是理性的，"我"就要把自己理解为 PPA，把自己理解为 PPA 就意味着"我"珍视自己的目的性活动。而我之所以珍视他人的目的性活动完全是因为 LPU 的逻辑力量。在格沃斯的语境里，"我"认同自己的基本权利是因为认为基本善是构成"我"的能动性的必需条件，他人认同他人的基本权利是因为认为基本善是构成他们的能动性的必需条件。如果我们认同基本权利（Q）是由于 PPA 认为基本善是构成其能动性的必需条件（P），那么所有有 P 的 S（S1、S2、S3……）都有 Q。

科斯嘉德认为格沃斯将私人理由转化为公共理由的推论即使在逻辑上成立，也悄悄地拓展了规范性范围，从对私人的规范拓展到了对所有人的规范。格沃斯能说明"我"出于对自己的能动性的必要珍视不得不承认他人也有基本权利，若非如此，他/她将陷入自相矛盾，但是这仅仅说明了"我"考虑到自己的必要而不得不承认他人的必要，并不是出于对他人的必要的真切考虑。也就是说，他人的诉求从来没有被当成"我"对他/她有义务的理由，"我"是出于对自己的能动性的考虑，或者说对自己的义务的考虑去承认他人也是有基本权利的。这显然不能说明"我"亏欠（owe to）他人。而我们的道德直觉是，我们不该出于考虑自己的必要才间接地承认别人的必要。道德的本质是为了说明我们彼此亏欠什么,每个人应得到什么(Korsgaard and O'Neill,1996,pp. 133-135)。

例如,一个自利主义者可以采纳这样一个准则,即在任何时候自己都应该按照自我利益最大化原则行事。将这个原则普遍化,我们得到的是每个人都应该按照自我利益最大化原则行事。如果"我"注意到最大化利益必须通过社会协作来实现,而社会协作意味着利益的分配并不总是向自己倾斜,那么"我"必然也会接受短暂的亏欠。假如有两个人生活在小岛上,他们通过协作可以获得充足的口粮。虽然口粮的分配可能在二者中并不平均,但是协作与不协作相比,被分配得少的人也可以摆脱饥饿状态,那么根据自利原则,被分配得少的人也会接受现状。这时候,即使他/她非常嫉妒被分配得多的人,仍然可能认同其得到更多的分配是正当的。因为被分配得多的人可能能力很强,如果他/她不能得到更多的分配,就可能放弃协作,而使得被分配得少者处于饥饿状态。

而能力强者根据自利原则会随时策略性地提出放弃协作,以便要求自己被分配得更多。但是他/她并不会真的放弃协作,因为一旦如此,其收益就会下降。因此,他/她会坚持保证被分配得少者也不处于饥饿状态,因为其一旦被饿死,自己的利益就会相应受损。这座小岛上住着两个既彼此需要又彼此算计的人。他们都认同对方有一些东西需要得到必要的保障,他们甚至可能用"应得"这样的词语去描述这种保障的必要。但实际上,按照自利原则,只有自己的"应得",不存在他人的"应得"。他人的"所得"之所以为"我"所承认,完全是因为它于"我"有利。可见在这种情况下,私人理性始终没有真正地过渡到公共理性,他人的理由不会直接对我构成规范性,当且仅当他人的理由中的事实性内容影响了"我"所珍视的内容,并因此构成"我"行动的私人理由时,它才对"我"造成约束。

如上所述,科斯嘉德在一定程度上把格沃斯的 PGC 理解成了一个自利原则。人因为考虑基本善对自己能动性的必要而承认他人的基本权利,这在她看来是一个错误的道德推论。针对这一问题,她提出了所谓公共理性概念。公共理性是相对私人理性而言的。私人理性即那种从第一人称视角"我"出发,出于对自己利益的关切而引申出对自己的意志产生规范性的理性。例如,"我"喜欢旅行,"我"就会努力获得它。"我"可以解释,自己之所以努力工作,就是因为可以挣钱旅行。可见,私人理性都是主体相对的(agent-relative),而公共理性则是主体中立的(agent-neutral),它指的是"我"将他人的理由当成自己的理由的一种理性能力。比方说,一个员工说自己生病了要请假,这时候尽管"我"需要人手,但是仍然把他/她生病因此不能工作的理由当成规范"我"的意志的理由,认为自己有责任给他/她准假,这种能力就是一种公共理性能力。科斯嘉德认为,人有一些最根本性的东西从本质上就具备公共性,即使是从第一人称视角提出来的,仍然是公共理由。她的推论可扼要地表述如下(Korsgaard and O'Neill,1996):

(i) 每个人都生活在特定的实践认同(practical identity)之中。

(ii) 不同的实践认同决定"我"珍视什么特定的目的,继而采取什么样的原则去行动。

(iii) 通过反思,我们注意到特定实践认同的价值是建立在另一个实践认同之上的。比方说"我"是一名老师。"我"为什么当老师呢?因为"我"想有学生。"我"为什么想有学生呢?因为"我"想改变社会。以此类推。

(iv) 通过不断追问,"我"终于到达一个终点,即不管有什么实践认同,人的理性反思能力(即科斯嘉德所谓的人性)都是必须被珍视的,它是规范性的来源。没有它,其他的具体实践认同都变得不可能,人生也就变得没有意义了。

(v) 因此"我"必须珍视"我"的人性,别人也必须珍视他/她的人性。

到这一步,可以看出科斯嘉德的讨论与格沃斯的讨论有诸多雷同,并没有引起特别的困难。但科斯嘉德的核心推论在于说明根据以上内容她可以进一步得出:

(vi) "我"应该像珍视自己的人性那样珍视别人的人性。

也就是说,珍视人性不应该是一个私人理由,不应该是主体相对的,而应该是主体中立的,是对所有人都能产生直接规范性的公共理由。格沃斯的讨论并没有直接说明这一点,这也是科斯嘉德批评格沃斯的焦点所在。科斯嘉德使用了两个策略来说明这一观点。

从现实生活层面来看，我们显然不仅使用私人理由，而且经常使用公共理由。当一个人请求"我"帮忙的时候，"我"第一反应是帮，如果要不帮，那"我"反倒觉得需要一个理由去拒绝。这时候，求助者自己的私人理由很自然地成为"我"考虑的对象，而且这种考虑不是出于自利的间接考虑，而是直接地将他/她的理由当作规范"我"的意志的理由。科斯嘉德还用了一个更加生动的例子：你的学生来找你谈话，问你有没有时间，你当时比较忙，你会告诉他明天你什么时间段有空，然后你会问他什么时间比较合适，这样一来二去，你们共同做出决定。在此过程中，我们并非完全出自私人理由去行动，而是彼此将对方的理由当作公共理由进行思考。这样的例子在生活中比比皆是，人们用对方的理由来直接规范而非间接规范自己是一种十分常见的活动（Korsgaard and O'Neill, 1996, pp. 141-142）。

因此，公共理性的使用通过经验事实得到了确证。如果我们认识到很多时候理性就是公共的，那么我们从每个人都应当珍视他/她的人性可以很自然地推论到我们应当彼此珍视对方的人性。但问题是，为什么在康德建构主义者严格的逻辑推理中，我们会发现从私人理性到公共理性的跃迁如此困难呢？科斯嘉德认为，这是因为我们把私人理由当成主体头脑里完全私人的一种精神活动，这种私人活动之所以被称为私人的，就是因为它无法被他人当作自己的理由。科斯嘉德认为，所谓私人理由就与私人语言一样是不存在的，她诉诸维特根斯坦的私人语言论证来澄清这一问题。

维特根斯坦认为，语言之所以有意义，恰恰是因为它的使用。词语的意义本身是规范性的，有用法的对错之分。一个人不能随便使用某个词语，他/她在特定的语言群体中必须按照规矩来用，否则就会误用。按照科斯嘉德对维特根斯坦的理解，说 X 意味着 Y 就是说总是把 X 当作 Y。这个判断包含两个重要部分，一是一个立法者制定一个必须把 X 当作 Y 的规矩，二是一个遵守此规矩的实践。比照这一思路，科斯嘉德认为说 R 是 A 的理由，无非意味着主体应该出于 R 之故做 A。这也要求有一个立法者和一个执行者，在实践行为中其无非就是理论自我和行动自我。我们知道维特根斯坦是反对私人语言的可能性的。如果私人语言不可能，那么语言天然就是公共的。"我"学习所根据的语言游戏规则与别人学习所根据的规则是一样的,其是公共的,并不是主体相对的。

类比这一点,科斯嘉德认为私人理由实际上始终是公共理由,如果语言和理由都天然不是私人的,我们自然也就能把别人的理由当成规范自己的理由(Korsgaard and O'Neill,1996,pp. 137 - 138)。科斯嘉德有关公共理由的讨论运用了类比的办法,她自己也没有在技术细节上清楚地说明这种类比在什么意义上是恰当的,因此招致了很多批评。目前学界大都认为她关于私人理由的讨论过于含混,并不成功。为了更加准确地理解并评价科斯嘉德的讨论,笔者将首先扼要地介绍维特根斯坦的私人语言讨论,并结合科斯嘉德的论述进一步评价究竟科斯嘉德想要从维特根斯坦那里吸取什么用以解决理由的主体间性问题。

扼要地说,维特根斯坦讨论私人语言的可能性,主要在于澄清语言作为一种特定的生活形式的可能性。语言在维特根斯坦这里不仅是一种认识,也是一种活动。我们不仅使用语言,也生活在语言之中。语言是有意义的,所谓有意义指的就是有规范性,也就是有正确使用和错误使用之分。而这种规范性的基础来自语言游戏,是人们在长期交往之中形成的一套规范(Wittgenstein, et al.,2010)。语言的根本不在于其实际所指,而在于使用它的规则。维特根斯坦用盒子里的甲虫来说明这一点。假设一组人每个人手里都有一个盒子,每个盒子里装的是什么彼此都不知道,只有盒子的拥有者知道。但是他们都称盒子里的东西叫甲虫。当打开盒子时,他们都说看到了甲虫,彼此也能使用这个词进行沟通。所谓甲虫,指的无非就是盒子里的某种东西,不管它具体究竟是什么。可见,在这场对话中,盒子里装的究竟是什么本身无关紧要,真正重要的是人们认同甲虫指盒子里的东西这一规则。也就是说,"甲虫"一词的实际所指并不重要,真正重要的是如何使用"甲虫"这个词(Wittgenstein, et al.,2010, p. 101)。

但是我们似乎认为有一种感受(sensation)可能是完全私人的,它不依赖于我们如何使用它,而是我们当下直觉到的。那么,有没有可能在这种感受的基础上建立一种私人语言呢?也就是说,是否存在完全为自己所用而其他人都无法理解的有关私人感受的一种判断呢?维特根斯坦认为这是不可能的,因为私人语言与意义的规范性互相冲突。如果要有意义,就不可能是私人语言,如果是私人语言,它就没有意义,因此也就不可能是语言。假如"我"是个怪人,经常有一种特殊的感觉,这种感觉"我"完全无法传达,别人也无法理解。当"我"注意到自己有一种特殊的感觉时,"我"不能说"我有这种感觉",因为"我""有""这种"以及"感觉"的使用都是公共的。为了避免这一问题,"我"只能用一个特殊的符号来标记它,例如每当"我"有一种特殊的感觉时,就将自己的注意力转移到它上面,将它记作"S"。这样"我"是否能够因此发展出一套私人语言呢?也就是说,当"我"在这种私人状态中时,是否能有意义地说"这是S"呢?

维特根斯坦认为这是不可能的(Wittgenstein, et al., 2010, p.95)。当"我"说这是S时,要使其有意义,我们必须知道这句话正确使用和错误使用的规则。在日常语言中,如果"我"说这是一棵杏树,但是实际上是一棵柳树,那么"我"显然说错了。恰恰是这种可错性使得意义成为可能,否则"我"相当于什么也没说。再回到甲虫的例子,如果"我"指着盒子外的东西说这是甲虫,大家就会产生疑惑。人们会纠正"我",指出规矩是"我们只针对盒子里的东西称甲虫"。可见,一个判断之所以有意义,就是因为它有对错用法,正因如此它才是语言。但针对私人感觉这一例子,"我"显然无法诉诸任何外在的经验或者规则来确证对错,因此从这一角度讲,"这是S"无所谓对错,是没有意义的。

那么"我"是否可以诉诸内在的记忆呢?每当特殊的感觉袭来时,"我"就凭借记忆回忆是否与上次的一样,如果一样"我"就记作S,反之则不做记录。虽然这容易操作,但"我"怎么才能确认"我"的记录准确呢?"我"怎么保证记忆是充分准确的呢?这似乎是非常困难的。即使记忆是完全准确的,我们也要问:在什么意义上"我"能够凭借记忆来判断S是否发生呢?如果记忆成了评价S发生的唯一根据,"我"实际上也就没有任何客观根据,而只能完全凭借自己的感受。当"我"感觉这是S的时候"我"就说是,这实际上根本就不是一种判断,而仅仅是一种表达。在这种情况下"我"不可能说"这是S","我"只能发出一连串的叫声:"S!……S!……"因此,维特根斯坦认为私人语言是不可能的

(Wittgenstein, et al., 2010, pp. 90-95)。

我们延续这一讨论，假如有一种私人理由，这种理由只有一个人能理解，也只能对这个人的意志产生规范性，其他人都完全不能明白。由于理由通常被理解为目的对手段的一种说明，那么所谓私人理由就预设着私人的目的。如果一个目的是私人的，它就必须是一个只有这个主体能够珍视的目标。我们可以说主体总是会对S（那种除了主体自己以外没有其他任何人能够理解的对象）有欲望。每当他/她产生这个欲望的时候，发现做P可以满足它。这时候虽然我们无法理解他/她的理由具体是什么，但是我们理解他/她归因的诉求。我们说他/她事出有因，只是这个原因不是我们能理解的。显然，只要我们知道"归因"这个词在语言游戏中如何使用，具体什么原因就变得无足轻重了，这和甲虫的例子如出一辙。

但如果我们进一步追问这种私人的目的究竟是否可能，我们就要追问私人理由是否有正确和错误的用法。这里我们发现，如果S是一种私人感受，那么根据私人语言争论，我们知道没法做出"这是S"的判断，没有这种判断，归因也就不可能。另外，即使我们能确定S，将P与S联系起来的标准也是模糊的，在P对S的满足上主体依赖的仍然是其记忆。如果不诉诸任何外在的标准，主体永远没有办法客观地知道自己这一次归因与上一次归因是否一致，也没法确定下一次归因与这一次归因是否一致，因此无法谈论自己的辩护活动是否有对错之分。所以，这种私人理由与理由的规范性是互相矛盾的，不可能存在私人理由。

在澄清维特根斯坦有关私人语言的论证之后，我们需要追问科斯嘉德将私人理由类比为私人语言的论证，究竟能否为"理由本质上是公共的"这一看法提供足够的支撑。首先，维特根斯坦说明了语言要是语言，它的意义一定在语言游戏中得到实现。语言游戏作为一种生活形式当然是公共的，语言中不存在不可传达的东西。当我们理解一句话时，我们自然地期望其他人都明白它的意思，这意味着语言对所有人有一样的规范性，不会只对某一个人有规范性。比如"我"说"太阳很晒"，这时候大家都能理解"我"想说什么，一旦"我"说错了，大家也知道为什么错。因此，语言本质上就是公共的，一个人懂就是所有人懂，所有人懂也就意味着每个人都懂。

科斯嘉德实际上想要继承的，很可能就是这一思路。她类比的核心是，如果语言是公共的，那么理由也是公共的，这意味着，如果语言的传达不存在我理解的你不理解、你理解的我不理解的情况，那么理由的传达也无所谓我的理由不构成你的理由、你的理由不构成我的理由的情况。比如说，花是红色的，这对"我"和对你有一样的规范性。科斯嘉德认为理由和语言一样，作用都是协调自己和他人的关系，因此不可能是私人的、不可传达的。如果这种类比成立，我们就弥合了从"每个人从自己的角度珍视自己的人性"到"我也珍视你的人性""你也珍视我的人性"的逻辑鸿沟。这样一来，科斯嘉德相较于格沃斯而言，其理论有更强的说服力，更加吻合我们的道德直觉，即道德原则不仅是关照所有人的准则，而且应该是出于对所有人利益的关切进而引申出的关照所有人的准则。

不过，细致地看，科斯嘉德的这种类比是非常粗糙的。首先，我们不可能从语言和理由的公共性类比中得出理由也是公共的这一结论，对后者需要进行单独考察，类比或许仅能作为一个考察的起点，但不能替代论证本身。可惜的是，科斯嘉德并没能在文本上就理由的公共性问题进行系统考察。而就类比本身而言，其相似的地方也不能够说明理由在道德规范性意义上如何是公共的，它能够说明的至多是说理活动在语言使用的规范意义上是公共的，也就是说作为一种语言活动，它是可传达的。我们必须对语言和在道德规范性意义上使用的理由做细致的区分，才能对这一问题进行更加深入的考察。

假如有个中年人，突然开始每天去健身房健身，"我"问她为何如此，她解释说中年人上有老下有小，身体是革命的本钱，故要锻炼身体。我们可以把这段对话从中年人的视角改写为："为了照顾家庭，我要锻炼身体。"

显然，锻炼身体是实现照顾家庭的手段，照顾家庭成了锻炼身体的理由。提供理由在此就是通过目的来说明手段正当性的一种活动。我们要问，这里的说理活动规范性是一种语言意义上的规范性还是一种道德意义上的规范性，这两者是完全不同的。语言意义上的规范性仅仅是指一种可传达性，也就是说"我"听得懂那个人的辩护，不认为"为了照顾家庭，我要锻炼身体"是一句胡话。这有两层意思：一是"我"纯粹听懂了这句话，但不需要真正理解理由本身是不是恰当的，"我"只是知道她在做辩护。二是"我"不仅听懂了这句话，而且认识到她的理由在社群中是否是可接受的。"我"从一般常识出发推测：如果"我"也想照顾家庭，"我"的健康也是第一位的，那么"我"也要锻炼身体。不过，这里"我"虽然理解她的理由，但并不需要认同它。如果"我"足够自私，那么"我"完全可以认同"为了照顾家庭，我要锻炼身体"，而拒斥她也应该如此。

可见，在纯粹语言使用的规范性意义上，"为了照顾家庭，我要锻炼身体"这句话本身毫无疑问是可传达的。无论是"照顾""家庭"，还是"锻炼""身体"，包括它们之间的因果关系以及在社群中的一般性理解都是公共的，因此说理活动作为一种语言活动是公共的。但当说理活动具有一种道德意义上的公共性时，它指的是他人提供的这一理由要对"我"形成规范，也就是说，"我"需要认同他人的理由。科斯嘉德似乎将理由在语言意义上的可传达性（这是语言的公共性）当成了它在道德规范性意义上的公共性。事实是，"我"可以一边理解他人的理由一边不认同它。

我们还必须区分私人理由（private reason）与个人理由（personal reason）的差别。我们的确不可能有一个私人理由，因为评价理由是否恰当的标准无疑都不是私人的，其建立在自然规律和社会规则之上，这两者都是公共的。当有人说去健身是为了世界和平时，"我"会觉得这是一个不当理由。想要作为一个主体生活在世界上，维持喜闻乐见的人际关系，我们就不可能坚持私人理由。但是这并不能立刻说明个人理由是不可能的，私人理由与个人理由是完全不同的概念。

当"我"说为了照顾家庭所以健身时，所提供的是个人理由而非私人理由。这个理由在特定的文化圈里所有人都能理解，在一定情境下都能被判断是否正当。但这并不是一个公共理由，因为它本身并未诉诸任何公共性的利益。"我"可以说健身是为了更好地照顾家庭，这是一个个人理由。而"我"的丈夫也可以给出自己的个人理由，认为健身会大大减少家人共处的时间，导致家庭不和最终不利于实现个人幸福。可见，即使他们都渴望家庭得到更好的照顾，但是他们都没有提供公共理由，而是完全从自己的利益出发认识到了公共利益（家庭和睦）是实现个人利益的条件，但就如何达成家庭和睦则又持完全不同的看法。

个人理由之间是完全可以交流的，妻子和丈夫在沟通上的张力的存在并不是因为不能理解对方的意思，而是纠结于选择何种手段来促进幸福。妻子认为健身是促进家庭幸福、促进她个人福利的原因。丈夫则认为妻子的陪伴是家庭幸福和个人幸福实现的条件。个人理由显然是可能的，而且在很多时候支配着我们的道德生活；私人理由则是不可能的。但这与丈夫将妻子的理由当成自己的理由有什么关系呢？即使是非常个人的理由，在语言意义上也是公共的，但如何将个人理由变成公共理由并未得到任何说明。在现实生活中，即使"我"明白你的理由是什么意思，理解你的理由对你来说很重要，也并不代表"我"要按照你的理由来行事。"我"明白你为了照顾家庭所以健身，但"我"完全可以说你不可以去健身，作为你的丈夫，"我"只关心你是否把所有时间都投入家庭陪伴中。在这种情况下，丈夫一方面明白妻子的理由是什么意思，理解她的理由对她有规范性，另一方面排斥这一理由对自己造成规范性，这没有什么匪夷所思的地方。

因此，如果科斯嘉德要进一步说明为什么个人（而非私人）理由也是公共的，她就不能满足于理由在语言意义上是公共的这一结论。她要说明一个更强的立场，即理由在实践意义上也是公共的，亦即任何一个个人的理由本质上都有公共性，即是说：任何人使用自己的目的来说明自己的手段的正当性的活动也必然对别人的活动产生规范性。在以上的例子中这意味着，妻子为了照顾家庭而健身的解释将会对丈夫的意志产生直接而非间接影响。在现实生活中，当"我"听你说为了照顾家庭而健身时，一般会表示理解。即使"我"并不认同你实现目的的手段，"我"也起码会接受你对自己行为正当化的努力本身是合理的，"我"尊重你的这种努力。这意味着"我"将自己置于一种义务下，即若没有别的理由，"我"不应该阻止你去健身。

但是一旦有别的理由，尤其是那些事关实现"我"个人目的的理由出现，"我"就必须对两种理由做权衡。这时候，"我"常常可能将自己的个人理由优先，而放弃他人的个人理由对"我"的规范。的确，在"我"没有个人理由的时候，"我"自然地把别人的个人理由直接地当成自己的理由。但一旦"我"有个人理由，"我"就要反思自己是否有义务这么做，这时候"我"才发现自己如此行为并不一定有理性的基础，可能仅是出于同情的本能。把道德哲学建立在同情心之上显然不可能是科斯嘉德的立场。可惜的是，科斯嘉德并没能从理性的角度清楚地说明理由在道德规范性意义上具有公共性是如何可能的。针对这一问题，不少学者对科斯嘉德提出了批评（Gert，2002；Wallace，2009；Beyleveld，2015）。

四、比较格沃斯与科斯嘉德

科斯嘉德后期有关道德规范性的讨论甚至完全不再借助私人理由论证，而采取了完全不同的进路。她将珍视所有人的人性同珍视公民权做类比：如果你认为你有公民权，当别人问你为什么你有此权时，你说因为你是本国的公民。这时候，如果你认识到别人也是本国的公民，你自然就会认识到别人也有公民权。既然公民权仅仅因为某人的公民身份而确立，那么所有公民都应该有公民权。类似地，如果你因为自己的反思能动性而不得不将自己看成一个价值源泉（source of value），那么你应当把所有具有反思能动性的存在者都看成价值源泉（Korsgaard，2021）。这一推论是否成立完全不需要依据公共理由讨论，根据 LPU 就能得出结论。这一努力使得科斯嘉德看起来像是一个格沃斯主义者（de Maagt，2018）。

格沃斯的基本立场是，PPA 能够找到一个要求其同等照顾自己和他人基本权利的最高原则，即 PGC。但是这种照顾不需要 PPA 出于对他人基本善的直接关心，而仅仅要求 PPA 从自己的角度出发，认识到如果要坚持自己的主体性，根据 LPU，就必然要坚持别人的主体地位，否则就会陷入自相矛盾，无法前后一致地把自己理解为 PPA。自相矛盾在实践中也会大大削弱人的主体地位，一个总是自相矛盾的人很难为自己的行为提供辩护，也很难与他人甚至自己建立和谐的关系，这势必大大削弱其主体地位。

可见，在格沃斯的讨论中，主体间性问题被回避了，他不回答个人理由如何过渡到公共理由的问题。回答这一问题，或许需要一种道德实在论的努力。假如我们认为有外在客观的价值标准，那么或许可以说明有些理由根据这个标准会对所有人的意志产生同样的规范性。但是无论是格沃斯还是科斯嘉德，都不是道德实在论者。他们也都将主体当成价值之源，都在相当程度上采取了康德的分析框架。他们的根本分歧在于持有不同的道德直觉，即道德原则是否一定要预设我们对他人的利益有直接的关切。也就是说，我们不仅要求原则能够对每一个人的意志产生绝对普遍有效的规范性，要求每个人都尊重彼此的基本权利，还要求我们的尊重从根本上源自我们对彼此的关心。一种常见的思路是将对他人的关心建立在共情的基础上，但科斯嘉德却使用了类比维特根斯坦的私人语言的方法来说明个人理由同时就是公共理由。

源自共情的关心是很常见的，也吻合我们的道德直觉，但其所带来的挑战更加棘手。例如，传统儒家文化特别强调人的共情能力。见孺子将入于井，皆有怵惕恻隐之心（李景林，2009）。恻隐之心显然构成了施救的理由，但这一理由只能解释为他人生命的珍贵直接对"我"的意志产生了要求，而不能解释为看到孩子溺毙会导致良心不安，为了求安心，"我"有间接的理由去救人。在儒家看来，前者具有道德意味，后者则是自利行为。即使我们已经不生活在以儒家为主导的文化中，普通人也经常感觉到道德之所以特别崇高，恰恰是因为能帮助人超越自我的利益视角，将别人的关切当成自己的关切。仅从理性角度引申出来的冰冷律令并不是我们理想中的道德。

康德曾批评过把同情心作为道德原则的基础。首先，同情心并不是每个人都有。人群中总是会有一些心智健全的具有变态人格者（psychopath），这些人因为大脑发育原因无法体会别人的痛苦，共情能力很差。如果把充沛的同情心作为道德基础，就没法去要求这种人遵守道德。其次，人与人的共情能力之间常常差距很大，从中推出普世道德原则会遭遇困难。康德不反感有人宅心仁厚，他倒是希望世界上的人都有同情心。他也不反对在道德教育中培养人的共情能力，也接受策略性地把宅心仁厚的人当成楷模，以便培养学生的共情能力。但他认为，如果我们想要找到一个普世道德原则，那么这个原则必须从实践理性中引申出来。

一个宅心仁厚的人不需要依赖理性就知道与人为善，这固然好。但对那些天生冷漠的人来说，虽然他/她无法通过共情真实关切他人的利益，但他/她却能理解绝对律令的规范性，因此出于义务的要求去行动。格沃斯实际上继承了康德的这种考虑。他当然不反对人们互相尊重，情感充沛，真心照顾对方的利益，将个人理由当成公共理由进行实践交往。但是他关注的焦点在于，如果要去找道德最高原则，我们唯一可以依靠的就是PPA对自己能动性的辩证思考，除此之外，一旦增加更多的条件就会带来更多的挑战：这些条件本身未必能普遍化，其正当性又需要得到进一步说明，这将进一步增加道德原则推论的难度。格沃斯早期是一位笛卡儿专家，他的思路在很大程度上受到笛卡儿对"我思"的考察的影响。首先我们要怀疑一切，直到找到当下自明的依据。格沃斯认为，道德的核心在行动，行动的前提是主体。那么，什么是主体性呢？它于我来说意味着什么呢？正是对主体性的内在追问，帮助格沃斯说明了PGC的可能。

或许我们会问，在日常生活中，不彻底跨越私人理由与公共理由之间的鸿沟，我们是否可能调节道德直觉与PGC之间的张力呢？笔者认为这是可能的。在一个人人向善、人性得到足够滋养的地方，将道德建立在公共理由的信念上是完全可能的，这时我们不需要PGC。每个人天然地将他人的理由当成自己的理由，真心实意地希望他人的生命能得到繁荣。即使有极少数人还是自私的，我们也能把他们当成特例来另行处理。而在一个并不完美的社会里，个体野蛮生长，人人互相角力。这时候可以一方面坚持PGC，另一方面试图建构一种教化，敏感化人的共情能力和公德心，将人逐渐塑造成真切关怀他人理由的存在者。从描述性到规定性的转变将帮助建立人格奖惩机制，帮助人们理解道德内涵，建构道德信念，组织道德生活。

五、结论

在本章中，笔者讨论了格沃斯道德推论中的主体间性问题。这主要包含两个方面。一是阐明了PPA从自己的角度出发，如何能够有理由把他人也当作PPA。在很多情况下，出于自利，人们更加倾向于忽视他人的主体性，认为自己是唯一的主体。本章评价了贝勒费尔德提出的谨慎理由原则，指出在特定的情况下，这一原则还不足以指导我们要不要把特定的人看作PPA，对主体间性问题仍然需要进一步说明。二是阐明了PPA的私人理由如何过渡为公共理由。格沃斯认为不需要进行这样的过渡，PPA必然要珍视自己的基本善，在此基础上根据LPU，他/她必然也能认识到他人有基本权利。

　　科斯嘉德对格沃斯的这一推论不甚满意。她认为以私人理由进行的推论不能帮助得出直接照顾他人利益的义务，在格沃斯的推论中，一个人之所以认同他人的权利，归根结底还是因为考虑自己的诉求，这是一种自利原则，与一般道德直觉相悖。在此基础上，她试图通过类比维特根斯坦的私人语言的办法来说明不存在私人理由，理由必定的公共的。笔者细致地评价了科斯嘉德的论证，并重构了私人理由论，在此基础上指出虽然私人理由不存在，理由是公共的，但这并不能说明个人理由是不可能的，真正的核心在于个人理由如何又是公共理由。可惜科斯嘉德并没能完成这一讨论。她后来的讨论似乎完全放弃了私人语言论，使得她的论证工作更加接近格沃斯的思路。

第六章 道德原则的命题化讨论

在这一章中,笔者将着重介绍格沃斯的 PGC 作为一种道德原则命题化的努力。逻辑实证主义者认为道德原则严格来讲不是命题,不能诉诸真假。因此,伦理的训诫或者是表达情感,或者是表达态度,最多只能反映出人们对特定行为的共识。当谓项能够准确反映主词的属性或陈述不违背逻辑规则、不引起自相矛盾时,我们认为陈述作为命题是真的。照此说法,道德判断的对错既不能诉诸事实也不能诉诸逻辑规则,虽然在生活中十分重要但并无真假。格沃斯认为虽然 PGC 不是分析的,但是"PPA 从实践性自我理解的角度必然要求自己受到 PGC 的约束"这一命题,从主体的内在视角来看却是分析的。因此,PPA 对 PGC 的遵守作为一个命题来看,是可以诉诸真假的。

一、背景

在道德非认知主义的讨论中,逻辑实证主义的努力非常突出。逻辑实证主义者认为伦理判断实际上根本就不是命题,在任何意义上都无法判定其真假,它表达的无非是情感和态度(Schlick, 1939; Wittgenstein, 1965; Carnap, 1996; Ayer, 2012)。将道德判断还原为情感表达显然会对道德规范性造成很大冲击。如果道德无非是情感或态度,那么它将很难给人提供普适的规范性标准,伦理实践将陷入困难。在本章中,笔者将首先回顾逻辑实证主义代表人物对伦理原则的批判,进而通过格沃斯道德哲学对此进行回应。格沃斯的工作可以帮助我们理解道德原则在什么意义上可能是命题。

逻辑实证主义对伦理原则的批判与它对形而上学的批判类似。在逻辑实证主义者看来，形而上学的"命题"不是真正的命题，根本就没法确定衡量其真假的条件，因此形而上学讨论统统是没有意义的（nonsense）。有意义的句子可以还原为命题，它的真假可以通过证实主义（verificationism）的办法来评判（Ayer，2012，pp. 87 - 102）。例如"房间里面有一个人"这句话。该陈述包含经验内容，它的真假是可以通过观察得到确证的——只要"我"走进房间，或者从窗口一看便知。艾耶尔（Ayer，2012，pp. 36 - 37）将这种可以直接通过感官验证的陈述称为可强验证的命题。另外一个例子是"月球某座山的背面有一块圆形的石头"。这种类型的命题虽然不能被马上检验，但只要克服技术难题，人们终究能去检验它。艾耶尔将原则上可以检验但实际上尚不能检验的陈述称为弱意义上可验证的命题。与之相对，形而上学宣称自己可以获得超验知识。例如"灵魂是不死的"，这与"苏格拉底是不死的"有根本差别。死或不死本来是一个表述经验内容的谓项。生死状态在后例中预设了苏格拉底是一个真实存在的个体，但在前例中却无法做此推断。不死或许根本就不是灵魂的属性，这是一个错误用法。对灵魂来说，生死状态根本就没法得到任何意义（强/弱）上的确知，因此，形而上学讨论不能还原为命题，无所谓真假，也因此没有意义。

二、逻辑实证主义者的伦理观

与对形而上学的批判类似，逻辑实证主义者认为伦理的规范性原则也不是命题。他们将伦理研究分为两大块，分别为描述性伦理学和规范性伦理学。描述性伦理学关注伦理规范的解释，例如解释人为什么会遵守伦理，以及哪些价值是重要的伦理价值，等等。一个文化学者通过考察，可能注意到中国传统文化重视孝的伦常价值，并进一步指出对孝的重视是出于维系宗族稳定以及为国家政治合法性辩护的客观需要。他/她甚至可以研究孝顺行为的进化心理学解释。艾耶尔认为这类研究实际上不是伦理学研究，而应被划入社会学、人类学乃至生物学的研究领域。艾耶尔着重讨论了规范伦理学的部分。他将规范伦理学分为功利主义和主观主义传统，并就其开展了较为细致的讨论（Ayer，2012，pp.102-120）。

就功利主义传统而言，常见的原则是"你应该选择那个可以最大化功效（肉体的快感、心灵的快乐等等）的行为去实践"。这个原则可以改写为："做可以最大化功效的行为是对的，反之则是错的。"

可见，这个道德原则包含两层信息：(i) 一个行为作为一个手段是否能够最大化功效。这里的功效可以是肉体的快感、心灵的快乐等等。(ii) 如果该行为能够最大化功效，那么"我"是否实际上选择了该行为。这两者显然都是可以确证的，存在真假之分。假如一个文化中肉体的快感是它仅有的功效：

(a) 假如饮酒是大家公认的最大化这一功效的手段。

(b) 那么对一个功利主义者来说，最大限度地饮酒就是对的，反之则是错的。

(a) 和 (b) 显然都是可以通过社会学、心理学等经验科学考察其真假的。如果饮酒确实是唯一的效用，那么喝茶就不是，认为喝茶可以最大化功效的命题就是假的。如果饮酒是最大化功效的唯一手段，选择饮酒就是真的，反之就是假的。生活在这一文化中的人，如果认同道德原则是为了最大化快乐，那么在明明知道饮酒是最大化快乐的唯一手段的情况下拒绝饮酒，将使自己陷入自相矛盾：他/她既要快乐又不要快乐，既要道德又拒斥道德。艾耶尔指出，如果功利主义原则可以命题化，那么它将被还原为社会学和人类学等经验科学所考察的内容。这种还原没法解决最高伦理原则的规范性来源问题。在上例中，我们必须假设肉体的快感是仅有的功效这一看法被人们普遍认同，才能进一步考察道德原则的真假问题。而如果有人不认同这一前提，那么我们也没有什么理由说他/她错了。这样一来，伦理学的规范性基础不牢靠，可能陷入相对主义困境。

我们可以把功利主义原则理解为一种纯粹形式原则，以尽量避免以上困难。我们可以说采取最大化功效（不管它是什么）的行为是对的，反之则是错的。一旦将具体经验内容抽空，该原则就可以适用于不同文化。但在实际操作中，这仍然会导向相对主义。不同文化会挑选不同的基础性价值作为效用，这些价值可能会互相冲突。如果无法说明规范性来源，就无法解决这些冲突。在上例中，伦理规范性建立在对经验善的普遍欲求之上，面临"是与应当"的跳跃，即：从饮酒能带来快乐，在逻辑上并不能直接过渡到饮酒是对的、不饮酒则是错的。除非我们加上前提：你应当尽量饮酒。如果你认同该原则，那么饮酒才是对的，反之则是错的。一旦明确了条件，事关饮酒的真假判断就有了道德意义上的对错。可见，道德（规范性）实际上从一开始就预设了。

相较于对功利主义传统的批评，艾耶尔对主观主义传统的批判更加彻底。他将主观主义传统分为两类：一类宣称伦理原则是命题，另一类认为伦理原则纯粹为了表达情绪和态度。首先，伦理原则不能通过纯粹分析伦理概念得出，否则它就是同义反复。其次，它也不能从事实中被总结出来，否则必然面临事实与价值的推论鸿沟。一些伦理学家宣称伦理训诫是一种陈述，旨在表达自己的某种情绪状态，具备经验内容，可以验其真假。例如"偷窃是不对的"，可被转变为"我对偷窃行为抱有极度厌恶的态度"。显然，这个陈述是对自我情感体验的描述，厌恶意味着一系列神经躯体反应，可以通过日常和科学观察确证。

艾耶尔认为对伦理做此还原是不对的，伦理规范的重点不在于描述情绪感受，很多时候伦理训诫者并不对自己是否真/假经历特定的情绪状态抱有认识。按照艾耶尔的说法，他们实际上仅仅表达了一种情绪，而并非对情绪有所觉知。觉知和表达这两种活动虽然可以连续/并行发生，但并无必然关联。当"我"说偷窃不对的时候，"我"并不一定要知道自己正处于该情绪中并对此觉知，"我"可能只是纯粹地表达一种情绪。艾耶尔观点鲜明地认为，伦理语言所表达的不是别的，恰恰就是这样一种情感。"偷窃是不对的"并不必被还原为"我认识到自己对偷窃行为抱有极其厌恶的态度"，正确的还原是：（i）"不能偷窃"；或者（ii）"偷窃！！！"（这里指的是一种强烈的厌恶态度）（Ayer，2012，p.107）。

艾耶尔认为（i）中的"不能"实际上并没有为该句增加什么，它仅仅表达了主体的强烈反感，它与（ii）所表达的意思完全一样。在艾耶尔看来，伦理有两个情绪调节作用，一是帮助主体表达他/她的情绪和态度，二是激发他人的伦理情感，达至共鸣。综上，艾耶尔实际上把传统意义上的伦理学彻底解构了，将其一部分划归社会科学研究范畴，一部分划归艺术实践。根据逻辑实证主义者的伦理观，伦理原则起作用的前提是人们必须从根本上预先认同一些基本价值,否则伦理共识就不可能达成。但基本价值的合法性无法被进一步论证,因此是独断的。回应逻辑实证主义者的挑战有两种办法。一种办法是完全拒斥逻辑实证主义者的分析办法,另辟蹊径进行考察。这个办法原则上不是回应,而是回避。另一种办法是认同其分析办法,但批判其分析。

笔者将采取后一种思路来进一步讨论,具体考察两个问题:(i)假如有道德最高原则,那么该原则能否是一个命题;(ii)从事实到价值的跃迁从主体内在辩证慎思的角度来讲能否是真的推论。在(i)中,道德最高原则如果是一个命题,就能够诉诸真假而不仅仅诉诸情感表达。我们不仅会知道什么是道德/不道德的行为(因为不道德是假,道德是真),也能知道为什么要遵守道德最高原则(因为人要求真而拒斥假)。在(ii)中,一旦从事实到价值的跃迁是一个有效推论,我们就将解决规范性来源的问题,并了解为何特定价值与特定事实总是相关的。笔者将首先考察康德绝对律令的命题化努力,继而过渡到对格沃斯 PGC 的命题讨论。

三、康德道德哲学的命题化

康德在道德哲学中所做的认识论努力是值得借鉴的,但是他的形而上学工作则饱受逻辑实证主义者的批评。康德在理性的两个层次上谈论了道德原则的可能:一是看该准则是否能在工具理性意义上被考虑为一种普遍法;二是看该准则是否可以被主体理性地意欲成为普遍法。在第一层意义上,绝对律令被表述为"你的准则能够实际上成为一条普遍的原则(Kant, et al., 2011, p.102)"。在撒谎的例子中,主体可以坚持"你不应当通过撒谎(虽然说还钱,但实际上并不还)来获得财富"这条准则。这个道德律令可做两种变换:(i)"撒谎!!";(ii)选择通过撒谎来获得财富这一原则作为道德命题是假的。(i)显然是艾耶尔等人讨论的情感主义的看法,不是康德的看法,康德的意图更加接近(ii)。对这个命题进行进一步补充可得 C1 和 C2。

C1:如果一个人是理性的,如果他/她欲求 E,他/她就必然欲求实现 E 的手段 X。这是分析的。

C2:如果一个原则是道德原则,那么它一定是普遍化的,是普适的,否则它就不是道德原则（这是康德基于一般道德常识提出的一个假设）。

（1）当一个人追求财富时，发现通过撒谎可以获得财富，根据 C1，他/她会形成通过撒谎来获得财富的准则 M1。

（2）根据 C2，当他/她试图将 M1 视为道德原则时，会立即发现一旦将其普遍化，撒谎就会被取消。如果人人都通过撒谎来骗财，则人们不再相信彼此，谎言将不能在实践中存在。

（3）根据（2）和 C1，如果他/她继续欲求财富，就需要放弃将 M1 道德原则化的努力。如果既按照 M1 行事又欲求将其道德原则化，他/她就会陷入自相矛盾。因为撒谎是获得财富的有效手段的前提恰恰是不将 M1 普遍化。一旦将其普遍化，撒谎就将不再是获得财富的有效手段，因此可以理解为"我欲求 E，但是我拒斥实现 E 的手段 X"。值得注意的是，撒谎一旦普遍化，虽然会导致一种谎言不能在实践中存在的实际处境，但其本身并没有违背逻辑的地方，每个人都通过撒谎来骗财并不存在逻辑错误。只有当撒谎作为一种获得财富的手段既被主体欲求又被其厌弃时才存在自相矛盾。也就是说，真正谈得上自相矛盾的是主体对特定手段所表现出来的意志态度。就这一点来说，康德的道德原则可以被理解为这样一个命题，即认同通过撒谎来获得财富这一准则作为道德原则是假的。这也就是康德所谓的完美义务。

现在进一步讨论不完美义务的情况。康德举了人应该互相帮助的例子。康德的例子可以按照实证主义的思路改写为：(i) "变得冷漠！！！"（一种情感表达）；(ii) 每个人都冷漠这个原则不能被理性地欲求。情况(i) 不是康德立场。我们把情况（ii）展开，康德可能有两层意思：一是人不应该渴望彼此冷漠，因为这是道德上错的；二是道德上错意味着一旦他/她将"彼此冷漠以便获取幸福"的主观准则普遍化，他/她就将陷入自相矛盾。很显然，人情冷漠、人人只顾自己的世界并不是不可能的。它可能没有现在这么发达的文明，但人仍然可以生存，这并没有自相矛盾之处。但是康德认为人人都应追求德福一致，这是最完满的善。肉体追求世俗的幸福，理性则追求道德实现。加上前提 C1：

人追求完满的善。

如果人欲求完满的善，那么他/她必然要欲求实现完满的善的手段，这是分析的。人情冷漠显然不是追求完满的善的手段，一方面它使得理性无法充分发展，甚至可能阻碍理性的使用，另一方面它高度限制物质文明的发展。综上，如果人是理性的，那么他/她必然要拒绝人情冷漠作为一条道德原则。认同该准则普遍化，就相当于既欲求完满的善又欲求损害实现完满的善的必要手段，因此陷入自相矛盾。

这样一来，延续完美义务的推论，我们可以得出不完美义务也可以成为命题。康德的办法提示我们，对道德原则可以做命题分析，可以验其真假，它不仅仅是表达和激发一种情感。在康德话语中，撒谎是错的也意味着撒谎是假的，因为撒谎将会导致主体意志的自相矛盾，就像说一个人大声地宣称"我是一个哑巴"是错（假）的一样。根据"应当"预设"能够"的原则，所有导致意志陷入矛盾的准则都不能成为道德原则。

四、对 PGC 遵守的命题化陈述

从格沃斯的视角来看，虽然 PGC 不构成严格意义上的命题，但是 PPA 将 PGC 当作自己的行为原则来遵守却是可以命题化的。为了清晰地说明对 PGC 的遵守作为命题的可能，笔者将回顾格沃斯的 PGC 推论。格沃斯将道德问题还原为如何行为的问题，继而从能动性的基本结构着手进行道德推理。能动性的一般理性结构可表述为"我做 X 是为了实现目的 E"。要实现一个行为，最基本的自由和福利必须得到满足。如果一个人被限制自由，没有衣食，他/她的能动性就被剥夺了。因此，最为基本的自由和福利是能动性得以成就的基本前提条件。进而，从主体内在慎思的角度看：

（i）"我"是 PPA。

（ii）如果"我"认为（i）是正确的，那么"我"必然追求基本自由和福利；如果"我"排斥（i），那么"我"仍然需要基本自由和福利，因为排斥（i）本身是一个行为，需要基本自由和福利。

（iii）欲求特定的目的 E，就是认为它是善的。因此所谓目的，无非是主体积极评价的对象。

这里的善不是道德善，而仅仅是主体赋予其所欲求对象的积极评价。在格沃斯看来，主体一定觉得对象是善的才会把它设定为目的。例如：

"我"想要通过撒谎来获得财富。这个句子可拆解为：（a）"我"想要撒谎；（b）"我"想要财富。显然（b）是更加根本的目的，而（a）无非是实现（b）的手段。在（b）中，主体必然要对财富赋予积极的价值态度，认为它于己来说是好的、值得追求的。因为（b），主体必须赋予（a）工具善，认为它是好的，是实现（b）的重要有效手段。这里的善既不意味着一种外在的实体善，也不意味着一种道德善，而无非是主体给予特定对象的一种积极态度，这种态度构成了主体行为的动机。

不过，虽然目的的善仅仅表明了一种主体态度，但这一态度是必要而非任性的。从格沃斯对意向性概念的分析中可以注意到，对某对象的欲求可以分析地得出他/她必然给予某物积极态度。每一个欲求特定目的的人，都必然给予对象积极态度。如果我们把欲求理解为想要通过得到什么继而补充自己的缺憾，那么 E 是好的有两层意思：E 对于满足欲求是有效的；主体对 E 满足欲求的有效性赋予积极评价，称之为善，进而产生获取 E 的动机。

例如"我"想要一把刀来切水果，想切水果是因为水果能够很好地满足"我"补充水分的需要。因此切好的水果对于满足欲求是有效的，是好的水果。刀因为是完成切水果的必要工具，所以是一把好刀。当说这是一把好刀的时候，无非在说这真是一把锋利的刀（这是一把有效的刀，所以值得欲求）！也就是说，当"我"欲求 E 的时候，认为 E 是善的，其所表达的无非是："E 真是值得欲求啊！"

（iv）进而，一个 PPA 必然珍视自己的能动性，也就是有目的地行动的能力。他/她注意到基本自由和福利是能动性的最基本的前提条件。在这种情况下，他/她就必然认为基本自由和福利是善的，进而考虑对其诉权。这里的诉权指的并不是针对特定的自由和福利诉权，实际上指的是对实现任何目的的基本条件进行诉权。如果不诉权，主体实际上就是承认他人可以随意剥夺其基本自由和福利，根据（ii），他/她将陷入自相矛盾。但这并不意味着主体在任何客观意义上的确有权。试区别以下两者：（a）考虑到基本自由和福利是实现一切目的的最基本条件，"我"必然应当考虑（ought to consider）对其诉权；（b）考虑到基本自由和福利是实现一切目的的最基本条件，我必然有权要求它们。（a）和（b）的区别在于，前者从主体内在辩证慎思的角度来讲，一个 PPA 必然应当考虑自己对基本自由和福利诉权。这无非意味着"我"不同意别人可以任意剥夺"我"的这些基本自由和福利。而（b）的情况则是认为"我"事实上/客观上有权。格沃斯只支持（a）的立场。

（v）一旦主体认识到他人与其一样是最一般意义上的 PPA，根据 LPU，他/她就应该认同他人同自己一样有基本自由和福利权。如果他/她接受（i）～（iv），而拒斥（v），他/她就将陷入自相矛盾。这意味着：(a)"我"是一个主体，所谓主体无非就是目的性存在者。(b)"我"诉权，是因为基本权利是能动性的必要前提条件。(c) PPAO 也必然对基本自由和福利诉权，因为基本权利是他们能动性的必要前提条件。(d) 如果"我"认同"我"的权利来源是因为基本自由和福利是能动性的必要前提条件，那么"我"必然认同他人拥有这种权利。如果"我"拒斥别人的诉权，"我"也就是拒斥能动性的必要前提条件，拒斥自己的能动性，拒斥自己是一个 PPA。而拒斥本身就是一种能动活动，本身预设了"我"是一个 PPA，因此"我"陷入自相矛盾。这样，格沃斯得出了他的普遍一致性原则 PGC。问题是："PPA 对 PGC 的遵守"可以是一个命题吗？如果是，那么它是分析的还是综合的呢？

从第一人称视角补全句子，"我是道德的"在格沃斯的语境下意味着"我出于 PGC 要求去行动"。所谓"出于"，是指通过对自己能动性的实践性自我理解，"我"能充分认识到遵守 PGC 是绝对无条件必要的。这意味着：(1) 如果"我"按照理性的基本原则和最为基本的经验常识进行推论，从实践性自我理解的角度来说，"我"要符合逻辑地将自己看成一个 PPA 的话，必然会推导出 PGC，并按照它的要求去行动。(2) 如果"我"不按照 PGC 要求的那样去做，即不按照他人和"我"自身的基本权利所要求的那样去行动，那么从第一人称内在慎思的角度讲，"我"无法符合逻辑地将自己看成 PPA，"我"必然陷入自相矛盾。但是，一个人实际上是不是按照 PGC 的要求去做本身并不构成自相矛盾的地方。出不出于 PGC 的要求去行事无非是两种并列的行为选项。只是从 PPA 内在的实践性自我理解角度来说，他/她将无法理性地（符合逻辑地）拒斥 PGC 对自己的意志规定。也就是说，PGC 并不分析的为真，而 PPA 对 PGC 的遵守则是从PPA内在辩证慎思的角度来说分析的为真。这样一来，格沃斯就完成了他的道德原则命题化努力。

格沃斯的命题化努力在方法上与康德有相似之处。康德和格沃斯都坚信有且只有一个最高道德原则。这个原则作为道德律令不是表达一种情绪和态度，而应该被当作一个命题。康德主要考察了意志自律的理性结构，格沃斯则考察了能动性的理性结构。康德从自由理性的意志的自律角度展开了他对绝对律令的分析。而格沃斯则是从PPA对自己实践性的自我理解角度揭示了遵守PGC的辩证必要性。这两者都通过意志是否陷入自相矛盾来区分道德/不道德行为，将对道德原则的检验一定程度上还原为对命题真假的检验。在康德那里，不道德的准则要不就会无法被设想（unconceivable），就像我们无法设想一个说真话的骗子，要不就会无法被意欲（can not be willed rationally），就像一个追求幸福的人却想要过得不幸福。而在格沃斯这里，PPA无法理性地、从辩证慎思的角度认为自己不必遵守PGC。这相当于一个PPA拒斥自己的能动性，但拒斥能动性本身预设了能动性，因此在逻辑上是不可能的。

但是，康德与格沃斯又有根本不同。康德认为绝对律令是一个先天综合实践命题。康德的道德推理剔除了所有经验内容，但绝对律令又不是纯粹分析的，这必然要求为它找一个先天综合可能，进而将其与人作为有意志的存在者联系起来。康德的解决方案是诉诸自由的形而上学，这部分讨论受到逻辑实证主义者的猛烈批评。格沃斯的讨论则从PPA内在的辩证慎思的角度出发，其推论是一个运用常识逻辑和经验知识的过程。他清楚地说明，虽然从PPA的概念中无法分析地得出PPA应该遵守PGC，但是PPA通过开展内在的辩证慎思，可以意识到自己必然受到PGC的规范。在格沃斯这里，一个不道德行为的准则将导致主体无法合乎逻辑地将自己理解为主体，拒绝将自己合乎理性地看成一个有目的的存在者。相反，一个道德行为的准则可以帮助主体将自己建构为主体，并帮助主体充分发展并实现自己的主体性。

五、结论

综上，笔者考察了道德原则作为一个命题的可能。康德和格沃斯都试图将 LPU 作为判断道德陈述真假的重要标准。但是，这并不是说道德问题可以还原为逻辑问题。道德的规范性在康德那里来自纯粹实践理性的内在价值，在格沃斯那里来自 PPA 对能动性的必要欲求，这两者都并非源自逻辑的规范性。逻辑规则仅仅是用来检验一个准则是不是符合道德原则的形式要求。当我们说道德律令是一个命题时，我们并不是说道德判断是一个逻辑真假问题，而仅仅是说一个原则是否是道德原则是可以验诸真假的。格沃斯的道德推理相较康德而言基本割除了道德形而上学讨论，通过逻辑和常识经验建构起了对道德原则的演绎，一定程度上回应了逻辑实证主义者的挑战。当然，笔者对康德的批评建立在对他特定的解读之上。众所周知，康德哲学的解读空间很大，不同的解读针对道德原则命题化的研究可能不尽相同，本章仅仅提供了一个可能视角。在下章中，笔者将更加系统地讨论"是"与"应当"的推论问题，澄清格沃斯是如何从 PPA 应当［自我指涉的应当（self-referring ought）］对自己的基本自由和福利诉权过渡到 PPA 应当［道德应当（moral ought）］承认所有 PPAO 与其一样有基本自由和福利权的。

第七章 "是"与"应当"问题

在本章中，笔者将系统介绍格沃斯是如何讨论"是"与"应当"这一难题的。前章已经说明道德哲学所面临的根本挑战之一是说明从事实描述过渡到规范性判断的跃迁。只有解决这个问题，才能解释道德规范性来源于何处。在格沃斯看来，"是"与"应当"只有从第三人称视角来看才存在不可逾越的鸿沟。格沃斯将切口放在第一人称视角，他从主体内在辩证慎思的角度试图说明一个人不可避免地要把自己理解成PPA。他/她如果这样理解自己，就必然会给特定的事实性对象赋予积极价值，这一评价性转变完全出于主体实践性自我理解之必要。也正因如此，事实与价值的鸿沟被主体内在辩证慎思填平。也就是说，如果一个PPA要把自己理解为PPA，他/她必然要接受从"是"到"应当"的推论是一个合理推论（valid inference）。

一、背景

众所周知，"是"与"应当"的二分是道德哲学讨论的核心问题之一。它在相当程度上决定了道德何以可能、道德规范性来源等问题的解决。在日常语言活动中，我们常常从一般描述性的陈述自然过渡到规范性诉求，这在语言和道德实践上并未导致很大的困难。例如，杀人是错的。这句话实际上包含着两层内容：一是一种特殊的人类行为，即剥夺一个人的生命；二是一种道德态度和判断，即认为这是错的。所谓"错的"，或许意味着这是神、社群或者个体所厌恶的。而作为一种判断的可能，"错的"

无非意味着你不应当杀人是有真假的。第一种情况是，不认为"杀人是错的"，而坚持"杀人是对的"与"人靠腮呼吸"一样，是对事实的错误反映。一旦澄清了什么是腮，我们就会认识到它与肺有所不同，人靠腮呼吸是假的/错。第二种情况是将"杀人是对的"等同于"单身汉是有伴侣的人"。正如从单身汉的定义中可以直接分析地得出他是没有伴侣的人一样，我们或许可以从杀人的概念中直接分析地得出这种行为是错的，因此宣称"杀人是对的"是不合逻辑的。第三种情况是将"杀人是对的"等同于"一个人大声地宣称自己是个哑巴"。也就是说，一个人通过能动活动来否认自己的能动性，这显然在理性上也是不可能的。格沃斯的PGC在形式上更加接近这一立场。

二、休谟问题的提出

针对从"是"到"应当"的鸿沟，休谟曾用感恩的例子来进行说明（Hume，2012）[①]。如一个人非常自私，理所应当地接受别人的帮助却不知感激，这在道德实践中显然是不可取的，人们会说他/她是一个薄情的混账。仔细研究这一过程，就会发现一个人的不知感恩实际上仅仅是一系列事实性的活动。从薄情者角度看，他/她可能在表情上没有表现出感恩戴德，在言辞上未能表达谢意，在行动上也没有给予馈赠者特别的回报，等等。另外，从馈赠者角度看，白眼狼行为在馈赠者和他人内心引起极度反感情绪，进而招致人们普遍的厌恶，并最终在意志中呈现为一种道德训诫，即"一个人不应当不知感恩"或"人应当知恩图报"。这些现象都可以被理解为事实，都可以诉诸经验感知，都有真假。一个人有没有特定的情绪，有没有讲特定的话、做特定的事，有没有将一种准则当作普遍有效的道德原则，都能通过经验确证。这并不是说我们通过经验可以立即准确判断有没有以上事实发生，而是说在理想情况下这些事实可验证的条件是能够被充分说明的。

例如一个人可能故露感激之色，说馈报之言，但心里却并不感恩。这

[①] 如果认同道德判断不同于事实判断，休谟问题就是有效的，即我们没法从描述性的事实推论到规范性的要求（MacIntyre，1959；Hudson，1964）。

也很常见。这时我们就会反思有哪些通常伴随感恩的活动，最能准确地标示出感恩的存在。通常而言，感恩伴随言辞和表情特定的变化，但这种关联并不是必要的。真正必要的是一系列复杂的认知/情感活动：它要求受恩者将对方的帮助看作一种牺牲，并因这种牺牲活动而将自己置于一种回报的义务下，同时在情感上对这种牺牲行为和牺牲者都表现出尊重。我们可以说，感恩的这种内在的认知/情感活动才是其最根本的标志。一个天生木讷的人未必会表现出感激言行，但确证是否感恩的条件仍然可以说明其是否感恩。

我们可以进一步讨论三种可能：一是认为不感恩行为中的一些内在属性使得其在道德上为恶。就像当苹果中的细菌超标时，我们认为它是一个坏苹果。二是认为不感恩行为的恶恰恰在于其所带来的情绪和态度，就像一个不可口的李子被认为是一个坏李子。三是强调不感恩行为在意志中引起了自相矛盾，就像有人大声地宣称"我是一个哑巴"原则上是不可能的。

根据这三个视角，我们对不感恩可以进行以下描述：从施予角度，PPA 把特定东西 X 给予 PPAO，X 会减少 PPA 的福利并增加 PPAO 的福利。从回报角度，PPA 期待/不期待 PPAO 给予回报；PPAO 认为/不认为自己有回报的义务；PPAO 尊重/不尊重 PPA 的施予行为。根据这些变量和关系，我们可以列出真值表来判断是否有感恩情况发生。类似地，我们可以描述人们对感恩和不感恩的态度。这种描述能够精确说明感恩和不感恩的一系列指征性的事实，同时也能说明不感恩所招致的恶劣情绪实际上是否被人们当作道德恶的基础。但如果继续追问为什么不尊重馈赠者会导致道德恶，憎恶的心理何以导致道德恶，我们的回答就往往又是独断的。

休谟实际上认同道德原则是普遍有效的。他认为有些人类情感是共通的。与感恩相伴随的事实是可以得到确证的，这是人类学和社会学考察的内容，但问题的关键在于我们如何能够从一系列的事实活动最终推论出道德训诫呢？这并不是说我们在事实上不经常这么做，而是说我们需要解释这种推论的正当性。"是"与"应当"问题在道德实践上并没有造成任何特别的困难，真正的困难在于论证如何能够从不感恩的一连串行为（没有感谢的话、没有回报等）及人们的一连串情绪和意志反应（憎恶、将不感恩的人视为堕落的等）推论出一个有普遍有效约束性的规范性判断。

另外，针对感恩/不感恩在意志中所引起的自相矛盾，我们也可以进行确定性的考察。一个薄情者之所以薄情，是因为他/她想用此来最大化自己的利益。考虑到有人总是到处恳求施舍，但又从不进行回报，其主观准则可能是"我要通过忘恩负义的方式（手段）来获取最多的钱（目的）"。坚持这一准则可能招致两种结果。

一种结果是通过谨慎考察，他/她发现通过这种方式并不能获取最多的钱。其他人会逐渐识破其诡计，鄙弃他/她的品格，进而拒绝再次合作。这样一来，如果他/她的目的始终是获取最多的钱，那么只要有工具理性，认识到欲求某个目的的实现必然分析地欲求实现此目的的手段，他/她必然会放弃忘恩负义。假如合作共赢才能最大化财富，那么他/她一定会选择这一有效手段，如果继续坚持忘恩负义，则会陷入自相矛盾。

另一种结果是他/她试图将此个人原则客观化，即把它当成所有人都同等程度坚持的普遍有效准则。这样一来，其主观准则就变成了"人人都可以通过忘恩负义的方式来实现财富最大化"。从主体角度来看，如果人人都忘恩负义，这个世界上可能就不会有人施恩，这样一来，人们也就不可能再通过忘恩负义的方式来获得财富。因此，他/她如果追求财富最大化，又想要把自己的原则客观化（他/她或许在此有为自己的原则辩护的诉求），就要放弃将忘恩负义作为一种追求财富的有效手段，如果仍坚持，那么必然会陷入自相矛盾。不过，虽然我们知道不感恩是不道德的，但是我们仍然不知道为什么感恩是道德的。感恩原则不会在意志中导致矛盾，但是它的道德规范性从何而来呢？

上面笔者澄清了几种从"是"推论到"应当"的尝试。但是这些尝试都面临不当还原的挑战。在最一般层面，它们把道德还原成认识论。在更加相关的层面，它们把道德判断理解为事实和逻辑判断，试图将道德问题看作科学认识问题，将其划归物理学、心理学和逻辑学的论域。但是实际上，它们仅仅是在考察道德判断中牵涉到的事实问题，从未对道德判断是否成立进行分析。虽然事实和逻辑要求可能是道德判断的重要标准之一，但是显然并非所有事实和逻辑问题都是道德问题，道德问题也不仅仅包含事实和逻辑要求。一个道德判断之所以是道德判断，主要是因为它对意志产生的普遍有效规范性。这一规范性的来源并没有在以上讨论中获得任何说明。

三、普特南和塞尔的工作

针对"是"与"应当"二分有很多回应，其中广为知名的是普特南和塞尔的工作。普特南（Putnam，2002）试图通过奎因的整体主义和杜威的实用主义方法来消解"是"与"应当"的二元论。这里笔者将首先介绍普特南的思路，以此作为一个背景来引介格沃斯极具创造性的讨论。普特南主要从三个方面讨论了"是"与"应当"问题。一是从逻辑实证主义的验证主义的真理观出发来讨论；二是从日常语言使用角度，通过奎因的分析和综合判断来讨论；三是通过实用主义的认识论办法来讨论。普特南并不反对"是"与"应当"可以做区分（distinction），这种区分有一定的认识论意义，他所反对的是事实与价值的二元论。他认为这种二元论是独断的，无法获得充分辩护（Putnam，2002，pp. 9 - 13）。

简言之，普特南认为所有的事实判断实际上总是同价值判断纠缠着，不可能做一个彻底的认识论上的摘除。比如，当"我"说疼的时候，这既是对一个特定状态的描述，说明有物体对"我"施加了超出"我"的承受范围的力，使"我"的身体感受到巨大的痛苦；同时也是一个评价性的陈述，即这种感受是可憎的，请不要给"我"施加这种痛苦。继而，"我"称疼痛的施加者为残酷的。因此"残酷"既是对特定事实的描述，同时也是评价性的，即应该竭力避免它。这种用法在我们的日常语言使用中比比皆是，不能简单地被认为是一种错误使用。认为这是一种错误使用，无非是说我们从残酷行为的一系列物理特征推论不出应避免暴行这样一个价值判断。普特南认为这是由逻辑实证主义者对事实和客观性进行相当狭义的理解所导致的。逻辑实证主义者把事实理解为可以被经验确证的基本现象。例如在时间坐标中是否有一物存在或缺席，某物是否有颜色、是否有大小，等等。继而，其将真理理解为理论对事物的一种符合（correspondence），将客观性理解为对事实的符合性描述。正是在这样的事实观中，事实与价值才是二分的（Putnam，2002，p. 26）。①

与之相对，实用主义者认为一切经验都涉及价值，科学活动也是如此。科学活动中包含着认知价值，这些价值帮助塑成科学对特定理论的偏好。例如合理性、简洁性、逻辑一致性乃至特定科学猜想的美感等等，实际上都构成了皮尔士眼中的理性的规范性标准（Putnam，2002，p. 31）。这些认知价值本身也不能确证真假，也不是事实，也不像"电子"（电子在当时还未能被观测到）一样是一个理论词汇，因此它们原则上根本不是科学语言。为什么在两种理论有同等的解释和预测经验的能力时，我们要选简单的那个呢？为什么我们要认同同一性是认识真理的标准呢？并不是说这些价值能够引导我们发现价值无涉的客观真理，实际上，所谓的客观真理本身预设了这些价值，并由这些价值所形塑。也就是说，所谓真理不是在认知价值指导下发现的所谓客观的理论，真理本身就是能够被这些认知价值积极评价的信念。这包括可诉诸理性（例如一致性）或审美（例如简洁性）标准进行辩护的可能（Putnam，2002，pp. 32 - 33）。正如我们可以通过太阳升起的方向辨认东方，但这未必意味着我们有一个所谓客观的关于东方的真理，进而通过太阳升起这一现象去贴近这一真理。实际上，所谓东方，可能无非就是太阳升起的方向。因此，太阳升起的方向作为一个标准，可能并不外于东方，而实际上构成了东方。用普特南的话来说，我们认可的真理都是通过认知价值之镜看到的信念（Putnam，2002，p. 33）。

普特南试图从日常语言的丰富性着手，提示我们无须坚持把客观性仅仅还原成对感官可触事物的符合论观点。我们仍然有很多真实的陈述可以进行真假考量，虽然这种考量不是对客观经验可感事物的描述，但可以根据问题提出的情景和意图实现的功能所决定的标准来衡量。这显然是一种实用主义方法。实际上，通读《事实与价值二分法的崩溃》（*The Collapse of the Fact/Value Dichotomy and Other Essays*）一书，可以看出普

---

① 逻辑实证主义者的认知重要性标准始终在不断演化之中。1939 年后他们大多认为有认知意义的语言不仅包含可以凭经验确定的词汇（observational terms），也包含理论性词汇（theoretical terms）。如果这些理论性词汇，作为科学假说的一部分，可以帮助我们进一步地、更加成功有效地预测未来的经验内容，我们就说其是有经验意义的。

特南的确是出于一种特别的实践目的来做认识论工作的。他对阿马蒂亚·森能力理论的褒赞，说明他认为事实与价值的二分严重制约了各种理论的创新和现实问题的解决。正是因此，他试图挑战事实与价值的二元论。

普特南对事实与价值的二元论的批评提示我们事实总是和价值评价纠缠在一起，这部分工作极具创见。但他并未说明什么事实和什么价值在道德判断中纠缠着，以及这种价值为什么能够为道德普遍有效性进行奠基。不解决这两个问题，仅泛泛地了解知识事实和价值的互相缠绕、彼此构成，我们仍然无法充分澄清从"是"到"应当"在道德推论中是如何可能的。为什么不感恩这个事实就和不道德联系在一起，而感恩这个事实就和道德联系在一起呢？这种联系为什么可以带来一种道德规范性呢？塞尔（John Rogers Searle）针对承诺问题的讨论似乎为解决这一问题提供了一些启发。以塞尔的讨论为例（Hudson，1969，pp. 120 - 126）：

（i）约翰宣称（utter the word），"我承诺付给史密斯五美金"。

（ii）约翰承诺付给史密斯五美金。

（iii）约翰将自己置于付给史密斯五美金的义务之下。

（iv）约翰有付给史密斯五美金的义务。

（v）约翰应当付给史密斯五美金。

在条件 C（条件 C 是一个能够保证约翰真的是在做承诺的经验条件。例如他/她不是在自言自语，不是在说梦话，他的确是说给史密斯听的，并理解自己说话的意思，有基本的推理能力，等等）满足的情况下，从（i）可以推论出（ii）。所谓承诺，就是将承诺者置于承诺义务之下的一种行为。所以，如果约翰理解承诺的意思，他就将自己置于付给史密斯五美金的义务之下，从（ii）到（iii）的推论成立。在没有其他与之冲突的义务或理由出现的情况下，从（iii）可以推论出（iv）。约翰把自己置于特定的义务之下，所以他自然有这种义务。约翰有义务付给史密斯五美金，也就是说他应当这么做。有义务做就是应当做，应当做就是有义务做，这是分析的。因此从（iv）可以推论出（v）。

塞尔在这里试图从"是"推论出"应当"。在这个特定的承诺活动中，塞尔也清楚解释了是"约翰承诺付给史密斯五美金"这一事实造成了"约翰应当付给史密斯五美金"。其推论的核心在于如何理解承诺这个概念。所谓承诺，从主体的角度来看，既是描述的也是评价的。描述的部分指向一种言语行为，一些话语将自己置于某种特定的要求之下等。评价的部分指向自己对该特定行为的赞许态度，认为它是自己的义务等。从"承诺"这个事实与价值缠绕的词着手，可以得出一个评价性的判断。"我"承诺 X 就意味着"我"应当做 X，因为承诺就是将承诺者置于某种义务之下的一种言语行为。问题是，道德陈述是否都能做此还原呢？

我们注意到除了承诺的例子，很多其他的道德陈述都没法做这样的还原。例如就"杀人是不对的"来说，我们很难使用塞尔的办法从"我剥夺生命"的事实推论到"我不应该杀人"这一判断。我们只能从"我认为杀人是不对的"推论到"我不应该杀人"。我们可以将"我认为杀人是不对的"当成一个言语行为，进而可以继续推论：(i) 约翰说"我认为杀人是不对的"。(ii) 约翰说杀人是不对的。(iii) 所谓不对的，就是有义务不做的。约翰将自己置于不杀人的义务之下。(iv) 约翰不应当杀人。这里的应当也不是道德应当，而只是自我指涉的应当。如果约翰说"我认为杀人是对的"，那么延续塞尔的办法，我们甚至可以推论出"约翰应当杀人"。因此，如果我们试图坚持道德对意志有绝对规范性，那么这种自我指涉的应当还不是道德应当。正是在这个意义上，格沃斯对该问题的讨论才显得很有特色。

四、格沃斯的讨论

格沃斯集中讨论了道德应当，他指出道德应当有五个形式和内容方面的特点 (Gewirth, 1973, p. 35)。(i) 它要求主体对自己和其他人的利益进行积极考量，事关基本利益时更是如此。另外，在事实陈述中说明的基本利益将被作为规范行为的理由。(ii) 这些"应当"是规定性的，主体将用它来指导和规范自己的行为。虽然道德推论前件中的经验善并不会决定哪些是"应当"做的行为，但这些经验善对实现重要价值的迫切性能够帮助我们理解在道德上实现它们的绝对必要性。(iii) 道德应当要求实现一种平等，它要求最基本的自由和福利在主体之间平等分配。(iv) 道德应当同时也应是确定的。一个"应当"陈述应该明确说明应当做什么，不应当做什么，这样才能清晰地指导行为。例如"不要杀人"，它明确规定了行为内容，即不要采取剥夺人生命的行动。因此"不要杀人"与"你应该遵守道德"相比，在对行为内容的规定性方面要确定得多。(v) 最后，道德应当是绝对的，对人的意志产生绝对的规范性。在任何情况下都应该遵守道德应当，任何其他准则都应以它为前提。无论是自己的欲望，还是社会习俗，一旦与"应当"产生冲突，就都应被禁止。

因此，格沃斯讨论的"应当"，具有道德的、规定性的、平等的、确定的和绝对的这五个特征。要解决这一特定的"是"与"应当"问题，首先要避免循环论证，推论出"应当"的前提不能本身有道德内涵。但它显然也不能是道德无涉的，若完全道德无涉，我们就很难从事实性前提中推论出道德规定性。为了解决这个问题，格沃斯对"是"与"应当"的关系进行了梳理。一种思路是外在进路的，认为"是"与"应当"之间有根本鸿沟。"应当"不可能通过简单的逻辑规则和经验事实推论出来。任何经验的原则都是不确定的，不可能为"应当"提供普遍有效的道德规范性。普特南的工作虽然已经挑战了这个外在进路，但还不足以解决有关道德应当的问题（Gewirth, 1973, p. 38）。内在进路在道德推论中反对以上区分，这也是格沃斯的思路。格沃斯在提出自己的思考之前，对以往有关"是"与"应当"的可推论性问题的讨论进行了审查。

第一种思路认为"是"与"应当"的鸿沟主要是由它们不同的功能所导致的。事实陈述用来描述，"应当"用来指导和规范行为。但日常语言使用提示我们事实陈述也可以用来指导和规范行为。例如"你身后有一条眼镜蛇"，这是一个事实陈述，但旨在影响和规范你的行为，认为你应当尽快离开。当然，这并不意味着"是"和"应当"的功能区分被彻底消解了。道德应当对意志提出的规定性是绝对的，不因个人好恶而转移。杀无辜的人是错的，在任何时候都成立。在眼镜蛇一例中就并非如此——如果有人喜欢眼镜蛇，并且了解它的习性，他/她可能就未必会离开。

第二种思路在上文已经讨论过，即认为事实陈述有真值，而"应当"陈述没有真值，仅仅是表达情感和态度。普特南批评过真值论对真理的看法过于狭隘。一些否定和假言陈述即使没有外界事实对应也存在真假。例如"水是红色的和独角兽是绿色的"。虽然没有独角兽，但是我们仍然可以判断真假，因为水是透明的而不是红色的。同样，"应当"陈述也有与其符合的事实，例如情感上特殊的体验、道德在语言和行为实践中引发的一系列现象都有事实基础。虽然这些讨论都有合理性，但是它们都没能说明究竟判断符合什么具体条件可称为道德判断。特定情绪体验、心理状态和社会风俗等虽然常常与道德陈述伴生，但并非必要。因此，格沃斯认为目前还没有成功解决从事实到道德应当的推论。

第三种思路是认识论反驳，即认为根本就不可能从事实推论出应当，任何道德最高原则的推理原则上都只可能从应当推论出应当。格沃斯认为，道德最高原则的推理不可能是纯粹演绎的。在塞尔的讨论部分，我们已经说明演绎推理只能得出一种自我指涉的应当，却不能推出道德应当。另外，格沃斯认为演绎推理也不可能给道德原则提供经验内容，否则必然会导致道德原则空洞无物，无法切实指导行为。更进一步，格沃斯细致地讨论了七种从"是"到"应当"的推论尝试（Gewirth, 1973, pp. 40 - 41）。他将前四种归为形式推论，其推论是否成立不依赖经验内容的确证。后三种是内容推论，涉及具体的经验内容。格沃斯认为这七种尝试都面临巨大挑战。四种形式推论内容如下：

一是真值函项推论（truth-functional derivation）。原则上讲，一个事实陈述的真假可以推论出任何"应当"的结论。例如"沙滩上有很多人，孩子溺水"。这种情况下说沙滩上没有别人是错的，但是这个错误命题并不立刻说明我们"应当"做什么。沙滩上有别人或没别人，都不直接构成"我"救不救人的理由。为什么有别人在"我"就可以不救，没别人在"我"就要救呢？这仍然需要进一步解释。

二是增加确定条件推论（the immediate inference by added determinant）。为了获得确定性，我们也可以增加道义内容。例如"约翰是一个百万富翁，如果所有的百万富翁都应当帮扶弱者，那么约翰也应当帮扶弱者"。这样一来看似获得了确定性，但实际上并非如此。还是此例，我们也可以说"约翰是一个百万富翁，如果所有的百万富翁都不应当帮扶弱者，那么约翰也不应当帮扶弱者"。百万富翁与帮扶弱者之间的关系并没有获得确定性说明。

三是"应当-能够"（ought-can）推论，即只有那些主体可以执行的准则才能成为应当执行的准则。这一提法试图给"应当"提供一些确定性，但没有给什么是"应当"判断本身做任何规定，因此仍然是含混的。例如"约翰不是一个百万富翁，所以他不能捐一百万美金给穷人"。但如果约翰是个百万富翁，那他应不应当捐款还是不清楚的，除非能说明如果能够帮就有义务帮。

四是理想程序推论（ideal-procedural）。这一推理认为"应当"所规定的内容可以从一系列道德慎思的程序中获得，这些程序都是可以确证的事实。例如一个人的思想是不是充分自由，他/她有没有得到必要的信息，他/她能不能共情，他/她试不试图把自己的准则普遍化，等等。符合程序要求所形成的规范性准则就是道德准则。但这个思路也不能给意志提供绝对的确定性，我们始终没法保证符合程序要求的人针对同一事实会推论出相同的道德结论。为了得到确定性，我们可能还要进一步引入同情、公平、利他等价值，但这样做显然会导致循环论证。

与之相对，内容"是与应当"推论认为"是"与"应当"的关系不是外在的而是内在的。经验内容和逻辑形式共同决定了"应当"的标准。"应当"在此是根据特定的情境产生的理由所自然要求的。比如说"有闪电，所以应该要打雷了"。我们在此使用了一个物理法则来预测打雷。相似地，在人类实践领域，有些依情境而生的法则决定了我们应该如何行动。我们如果要实现特定的目的和价值，就要遵循这些法则的指导。但是主体在此始终是自由的，仍然可以选择不遵循。就人类行为而言，有三个重要情境值得一提。一是目的与手段的联系，即工具理性情境；二是体制规则情境；三是幸福原则情境。一个人应当做什么，取决于他/她是否要实现特定的目的，是否要融入特定的体制，是否要促进自己以及他人的幸福，等等。例如"如果一个人要生存，他/她就应当吃饭"。生存目的要求其必然使用得以生存的手段。如果一个人要成为某组织的成员，他/她就应当向组织宣誓。一个人要想成功，他/她或许要努力挣钱（增进福利）。这很容易理解。

但是这三个情境所规定的法则都没法帮助我们真正克服"是与应当"推论鸿沟的问题。首先，以上三种内容"是与应当"推论都是假言推论。只有当特定的目的成为必要时，"应当"才是必要的，但道德应当应该是绝对必要的。其次，以上三种内容"是与应当"推论都不能够解释为什么我们要认同特定的情境。例如，如果我们认同加入人类社会这个组织，我们就不应当滥杀无辜。但是我们为什么要认同呢？为什么不可以反人类呢？实际上，伦理黄金法则常常遇到这样的挑战（Gewirth, 1978）。一个正常人认同不应当让他人受苦，因为自己不想受苦这一准则对他/她的意志有规范性。法官可以谴责一个杀人犯说："如果你不想被人折磨，那你就不应当折磨人。"但是杀人犯可以说："我想被人折磨，所以我应当折磨人。"

黄金法则不能理性地说服我们为什么要认同一个特定的（正常人的）情境。这个情境包含一些经验事实，例如认为人不喜欢受到折磨、折磨带来痛苦等等。但如果一个变态不认同这个情境而认同另外一个情境，例如被折磨是痛快的、人普遍愿意被折磨等等，那么我们也无能力去说服他/她。虽然罪犯能设想自己是"正常"的，能理解自己不应折磨别人也不应受到折磨，但是他/她却不愿遵守这个原则，因为他/她根本不认同这个情境。可见，只有认同情境，情境原则才有规定性，反之则没有，这种情况被格沃斯称为承诺悖论（dilemma of commitment）。因此规定性从一开始就被预设了，也不存在从"是"到"应当"的推论，实际上仍然是从"应当"推论到"应当"。

可见，一个在道德哲学中考虑的"是与应当"推论不仅仅要说明事实和价值是纠缠的，更要说明特定的事实和特定的价值是纠缠的，这些价值应该是人人都必须追求、得到平等分配和平等照顾的。正是这个特定的"是与应当"推论才是格沃斯所感兴趣的。格沃斯试图通过辩证必要性的办法来解决这一问题。他从主体如何能够理性地理解自己的能动性着手，通过人对实践性自我理解的析清来进行"是与应当"推论。他将能动性的基本结构理解为"我做 X 是为了实现目的 E"。目的之所以是目的，就是因为它是我们认为善的。这意味着我们必须赋予它积极评价，认为它对我们是有益的。然而，这并不意味着：(i) E 有独立于主体评价的善。(ii) E 不是任何具体的目的 E′，而是对一切具体目的的抽象。(iii) 主体仅仅是渴求 E。将某物当成目的与仅仅渴求某物不同，前者要求主体将特定事物当成一个值得追求的对象，即把对 E 的实现当作自己行为的一个理由，在对 E 的追求上建立起一个行为准则。这与渴求相比，增加了认知的成分，进而也提供了辩护的可能。

就这三点而言，(i) 意味着格沃斯并不想讨论善的形而上学。他认为，并没有脱离主体的善。当然，这并不意味着我们在经验和逻辑意义上确信没有所谓外在于主体评价的善，只是我们根本无法谈论它。我们可以知道自己是不是喜欢看电影，也能通过交流明确知道别人喜不喜欢。喜欢我们可以称之为善，不喜欢我们可以称之为非善，甚至是恶。喜欢的人认为电影可以陶冶情操、提高品位，有益于增进生活幸福。憎恶的人认为电影趣味低级、纵情感官，或造成道德沦丧。因此，电影的价值在它与主体的关系中成立。这并不是说好恶因人而异，而是说好恶成其可能，即价值只有在主体的评价性活动中才能成立。相较而言，超越主体评价的善在我们的语言边界之外，我们无法有意义地讨论主体（这里仅仅指的是人）无涉的善。格沃斯谨慎地避免形而上学，防止语言误用，将善理解为主体对特定事物的积极评价。这样一来，什么是善或者什么是恶就可以得到确证。

(ii) 说目的 E 是善的，这是在最一般意义上的表达。即"如果我有目的性行为，那么一切目的都是我赋予积极评价的对象"。这是一个全称判断。但就任何一个具体的目的而言，它并不意味着对"我"一切的活动而言都是善的，"我"都要对它赋予积极的评价。例如，"我"要打球，因此"我"把购买球具当成一个目的。在此例中，购买球具是一个目的，同时也是打球的手段。打球作为目的可能是健身的手段。以此类推，可以不断追溯。在生活中，多条线性归因交织在一起，成为一个网络。虽然"我"想打球健身，但同时又希望省钱，因此"我"可能放弃打球而改为跑步，或者原来打昂贵的冰球，现在打亲民的乒乓球，等等。特定目的对象的善恶是建立在一个更高的目的之上，或在多种目的的张力中权衡的。但是针对一个目的的一种对象，或者针对所有目的的所有对象，我们可以说所谓的目的，就是主体将其看成善的东西。

(iii) 至为重要。格沃斯讨论的行为是一种规范性（并非一定是道德的）活动。它与物体运动、动物冲动、人的盲动都不同。物体运动表现为空间和时间上的差别。如在时间 t1 点，位置为 l1，在时间 t2 点，位置为 l2，那么当 t1 不等于 t2（t2 是 t1 最接近的下一时间点）、l1 不等于 l2 时，我们说物体发生了运动。是否运动完全由外在的时空信息决定，而不必考虑物体的内在性质。我们并不将运动归因于物体本身，而是归因于支配它的物理规则，决定运动的是物理规则。所有物理世界中的物，包括人，都在物理规则的支配下进行运动，但这种运动没有规范性，是道德无涉的。动物冲动则是一种生物本能，动物的饮食、交配等活动都受到这种本能的支配。本能之所以是本能，就是因为它并不是习得的。它是一种最为本真的生命冲动，是不习自得的，也是强迫性的。本能作为一种生命冲动也没有规范性可言，对动物来说，不存在遵守本能，只存在本能地活着。本能对人的支配是他律的，正因如此，自然法（物理法和生物法）对人的支配并没有道德意义。但对本能的反思和扬弃在格沃斯那里却是一种行为，其本身已经是一项目的性活动了。另外，格沃斯所说的行为也不是人的盲动。所谓盲动就是没有目的的活动，例如人在高度焦虑、异常愤怒时的动作或者强迫症患者不断地搓手等种种活动都不算行为。人在此状态下盲目地躁动，其中理性甚至自我意识都没有呈现。这三种活动都不是格沃斯讨论的目的性活动。目的性活动对主体提出三个要求：（a）主体有想要实现的目的；（b）主体有基本的理性能力和相应的经验知识；（c）主体有辩护的诉求。

第一，将特定事物设定为目的本身是实践理性的一个重要功能。设定目的意味着对事物进行积极的评价，并且给予一个批准（approbation）的态度。从积极层面来说，主体认为目的是值得追求的。从消极层面来说，剥夺特定目的将降低主体的福利，而剥夺所有目的性活动，将彻底剥夺人的主体性。实际上，人类活动除了盲动、本能活动和一般物理运动之外，仍然有相当数量的活动是目的性活动。凡是有计划的、通过反思而建立的活动都是目的性活动。主体性是人区别于其他万物的最为根本的能力。

第二，目的性活动要求主体有基本的理性能力和相应的经验知识。将特定事物设定为目的始终包含价值和事实评价。例如"我"将健身设定为目的，这个设定必然要求"我"做价值和事实的评价工作。首先"我"觉得健身有利于健康，因此健身有工具性价值。为了健康这一目的，"我"将健身看作一个中介性的目的。"我"之所以能这样做，是因为"我"对于健身活动对健康的贡献有较为充分的认知。"我"或者通过教练，或者通过书，抑或通过健身者的口传心授来获得必要的经验知识。在此基础上，"我"赋予健身积极的评价，将其设定为自己的目的。在此过程中，"我"当然也使用了工具理性和一般意义上的演绎和归纳推理能力。健身是实现健康的手段，在健身与买保健品之间，健身是更有效、成本更低的投入，因此"我"健身；人生要追求幸福，健康的人才会幸福，人要通过运动才会健康，"我"是追求幸福的人，所以"我"要运动（演绎推理）；教练说健身会促进健康，营养学家说健身会促进健康，朋友说健身会促进健康，书上说健身会促进健康，所以健身会促进健康（归纳推理）。可见，一个目的性活动要求行为者具有基本的理性能力。

第三，目的性活动动用了经验和形式理性，它也一定会诉诸辩护，为自己的行为找到一个理由，为自己提供动机。这个理由在实践上可能是个体化的，但在认识论意义上则必然是公共的，诉诸普遍性的理解。例如，一个人觉得要成功就要不择手段。如果认识到不择手段是实现成功的唯一必要途径，即在任何情况下，只要"我"想成功，"我"就应该不择手段，那么他/她会说在任何情况下，任何人想成功，就应该不择手段。这时候我们就可以说，他/她的行动是一种目的性活动，是把追求目的的实现诉诸理由和动机的活动。在现实中，我们大都能够区分物理运动、盲动、目的性活动和本能活动。当然这些活动的边界并不总是泾渭分明，在现实中将其区分开来需要细致谨慎地考察。

通过目的设定，主体给予目的所对应的事物以积极评价，认为它是值得追求的、是善的。这个活动预设了主体具备基本的理性能力，能够按照理性规则来整理经验材料。进而，继续使用这种理性能力，他/她必然认识到如果 E 是善的，那么实现 E 的必要条件也应当是值得追求的，也需要被赋予积极的评价。如果拒斥实现 E 的手段 M，认为 M 是恶的、不值得追求的，那么他/她要么放弃 E，要么陷入自相矛盾。前几章已经说明，M 就是最为基本的自由和福利。没有思想自由、活动自由和基本的供给，任何目的性活动都不可能。这有两种含义：一是把自由和福利看成实现特定目的的重要经验条件；二是将自由和福利看成一种实践理性的要求。就第一点而言，主体认识到自己作为经验世界中的一员，受到因果律的支配。要实现特定的目的，需要主体和经验事物打交道，为了能够作为原因促成特定结果，主体必然要对物理法则有充分的认识和使用。他/她需要思想自由、活动自由和基本的供给，才能思考并做出切实的行动。

就第二点而言，人无法在认识上充分确知自己是否是自由的。这意味着我们无法通过经验确证自己能够为自己设定目的。这个目的有可能是外在给予的。经验证据所证明的并不是目的是否真的为我所有，而是我认为目的为我所有。例如一个人可能觉得自己想要追求财富，而事实上这是出于特定社会文化氛围对其的驯化。在康德伦理学背景下，这种目的设定过程并不体现自由。但格沃斯对待自由并未如此苛刻，他认为这种情况仍然是自由的。人们可以说，"我"将追求财富设定为"我"的目的，因为大家都这样，或者这样对实现本能有好处。格沃斯认为，如果我们要对自己的行为做规范性理解，认为人应该对自己的行为负责，我们就必须把目的看成自己的目的，把自己理解为自由的，否则，任何行为的赋责都不可能。因此，我们可以把自由理解为实践理性的一种内在需要。

特定自由和福利是实现特定目的的手段，而基本自由和福利是实现一切目的的手段。因此，作为一个有目的的存在者，我们必须对自由和福利诉权。所谓诉权，意味着"我"认为别人有义务不去剥夺"我"的基本自由和福利（Hohfeld，1913，p. 32）。然而这并不意味着存在一个客观的义务，而是说从"我"自己辩证慎思的角度来讲，"我"必须认同别人不应该剥夺"我"的自由和福利，因为不这么做相当于反对一切目的性活动，而PPA就是目的性的行为者，因此一个PPA是无法理性地认同别人剥夺其自由和福利的，他/她必须对自己的自由和福利诉权。继而因为这种必要的诉权，PPA必须认同自己有权。格沃斯继续引入ASA来说明从PPA认识到基本自由和福利是能动性的最一般的条件是如何推论到"我"有基本自由和福利权的。

假如一个PPA认为自己有基本自由和福利权是因为其具有能动性之外的属性D，我们问他/她假如没有D，他/她还是否拥有基本自由和福利权。如回答有，他/她显然陷入了自相矛盾，因为他/她认为是属性D让其拥有基本自由和福利权，但当没有D时，他/她却仍然坚持自己有基本自由和福利权。如回答没有，他/她也陷入了自相矛盾，因为如果认为自己没有基本自由和福利权,他/她就无法把自己理解为 PPA。因此,"PPA 的能动性,在 PPA 自身看来应被考虑为其有基本自由和福利权的充分必要条件"(Gewirth,1980,p.110)。继而,PPAO 根据 ASA 从"PPAO 必须考虑自己有基本自由和福利权"推论到"PPAO 有基本自由和福利权"是正确的推理。更进一步,根据 LPU,PPA 必然也要认为 PPAO 有基本自由和福利权。由此,可以引申出 PGC。这样,格沃斯就从"PPA 绝对需要基本自由和福利"这一事实过渡到"PPA 必然考虑应当对基本自由和福利诉权"这个自我指涉的应当,再进而过渡到"每个 PPA 都应当认同自己和 PPAO 有同样的基本自由和福利权"这个道德应当。这个道德应当不需要 PPA 从动机和情感上考量 PPAO 的利益,PPA 对 PPAO 的利益的尊重完全是辩证必要的(dialectically necessary)。

以上笔者细致地澄清了格沃斯的推论。格沃斯的"是与应当"推论具有以下特点。首先,我们明确知道什么样的经验事实与道德应当相关。人的目的性行为是道德推论的事实性基础,目的性行为所必需的基本自由和福利因此是道德保障的确定性内容。其次,也是最为关键的,PGC 推论能够充分解释道德应当的规范性来源问题,只要说明这点,我们就知道为什么对基本自由和福利的平等尊重,应当对每个人产生绝对普遍的规范性。人都是 PPA,PPA 通过对自己能动性的反思可以明确地知道基本自由和福利的绝对必要性。PPA 应该考虑向基本自由和福利诉权。这一步从事实——"我"是有目的的存在者——推论到一个自我指涉的应当,还不具备道德意味。而当 PPA 使用理性,认识到 PPAO 是和他一样的 PPA 时,根据 LPU,他/她必然要认同所有人从自己辩证慎思的角度都必须考虑向基本自由和福利诉权,并且认同他人的诉权。这里,自我指涉的应当才过渡到了道德应当。因此,格沃斯避免了可能的循环论证。他从事实性的前提出发,通过主体对自己能动性的辩证慎思活动,来确立从自我指涉的应当到道德应当的过渡。这种思路是非常独特的。

五、对格沃斯"是与应当"推论的批评

格沃斯本人似乎对自己的解决方案很有信心,他在当选美国哲学学会西部分会主席的演讲中宣读了《"是与应当"推论的解决》("The 'is-ought' problem resolved")这篇论文。考虑到"是"与"应当"问题本身就是一个经典哲学问题，他的论文受到极大关注，其中诸多批评是非常犀利的。总体而言，我们可以将批评划分为两类：一类认为格沃斯的 PGC 推论是从"应当"推论出"应当"，另一类认为格沃斯的 PGC 推论实际上是从"是"推论出"是"。这些批评直指核心。如果格沃斯没有从"是"推论出"应当"，那么他的 PGC 推论在规范性意义上是循环的。这样一来，格沃斯寻找道德最高原则的努力就从根本上失败了。笔者将首先介绍这些最具代表性的批评，在此基础上再做相应的评述。

保罗·艾伦（Paul Allen）认为格沃斯的推论实际上仅仅是从"是"到"是"的推论，从"是"到"应当"的推论在格沃斯的框架下是不可能的（Allen, 1982）。对格沃斯的推论，我们可以做两种不同的表述：

(i) 从"我做 X 是为了实现目的 E"，推论出"我认识到 E 是善的"。

(ii) 从"我做 X 是为了实现目的 E"，推论出"E 是善的"。

这一步是格沃斯 PGC 推论的规范性来源的核心，如果这一步成立，那么后面的推论问题都不大。在这一步中，格沃斯试图从事实判断推论出价值判断，进而完成规范性跳跃。保罗·艾伦认为格沃斯持（ii）的立场，而实际上他的推论依据的是（i）的立场。这两者的区别是什么呢？如果我们从第一人称视角补全（i）可以得到：(a)"我"注意到所谓行为指的就是一个有目的的活动。根据这个行为结构，"我"认识到有目的就是有一个欲求的对象。"我"注意到要实现 E，在现实中不得不去做 X，因为 X 是实现 E 的必要手段，因此"我"产生了这样一个动机，即去做 X。(b)"我"注意到要把"我"的活动理解为有目的的，这个目的必然要是值得追求的，所谓值得追求的，就是善的。因此从"我"有目的 E，"我"会注意到"我"必须把 E 当作善的。也就是说，"我"必然会发展出这样一种意志和相关的心理活动——把 E 当作善的。现在我们假设主体 A 正在向心理医生描述为什么做 X，而你正是那位心理医生。这时候你在病历本上记录主体 A 的描述，你注意到 A 正在向你描述一系列事实，即他/她的心理体验。艾伦无非想说（i）本身不是一个推论，它仅仅描述了一个推论。至于这个推论合不合理，格沃斯实际上没有讨论。因此，在艾伦看来，（i）纯粹是描述性的，仅仅是主体描述自己的一种内在意志活动，因此始终是一个有关事实的判断。这个判断的规范性不是道德规范性，而只牵涉认识上真假的问题。

但（ii）却不仅仅是一个事实描述，一旦我们把"我认识到"从整句中去掉，我就不仅仅在描述自己的一种意志状态。从第一人称视角出发，我就是在进行一个从"是"到"应当"的推论。这是格沃斯想要说明的。但是艾伦认为实际上格沃斯混淆了（i）和（ii），他的推论起点实际上是（i），而他误以为是（ii）。进而，即使推论（ii）是成立的，因为这个规范性是一种自我指涉（self-referring）的规范性，我们为什么要从第三人称视角去认同它呢？即为什么从第一人称视角出发，"我"必当去追求的东西就一定能说明"我"有这种东西呢？在格沃斯的语境里，为什么"我"必当把自己看作有基本权利的人就能说明"我"实际上有权利呢？这之间似乎还有一个鸿沟，即要说明"我"对某种东西的需求能够构成"我"有权拥有它的标准。

另一类批评认为格沃斯的推论实际上是从"应当"推论出"应当"。加里·西伊（Gary Seay）敏锐地注意到格沃斯区分了断言论证（assertoric argument）和辩证论证（dialectical argument），并据此将"是与应当"推论的鸿沟归咎于断言论证所预设的认识论结构，这种鸿沟在辩证论证的结构中并不存在（Seay, 1983）[①]。在西伊看来，格沃斯的主体认识到自己的目的不仅是其欲求的对象，而且是值得欲求且是正当的，也就是说主体的目的必须是善的这一推论过程没有问题。西伊认可任何主体要行动，都必须将自己置于某种评价性的活动中。但是他反对格沃斯将这个推论过程当成逻辑性的。他认为从"我"认识到"我"有目的到"我"必须认为它是善的这一推论本身是一个评价过程，而不是一个逻辑过程。

在西伊看来，不是"我陈述我做X是为了E"使得"我"认为E是善的，而是"我出于E发起的行动"使得E是善的。从"我做X是为了E"这一陈述出发，我们仅仅能够得到另外一个陈述，即"我认识到E是

[①] 亚里士多德区分了断言命题（assertoric proposition）、可能性命题（problematic proposition）和自明命题（apodeictic proposition）。在这里，格沃斯的意思是，说E是善的，不是像断言命题那样，说有一个外在经验条件作为验证E是否为善的标准，E是善的从主体辩证慎思的角度讲是PPA对E的必然赋值活动。

善的",这实际上还是从描述到描述,不存在应当的问题。如果格沃斯坚持"E是善的"是一个评价性活动,那么根据他的理论,这种评价性成分从一开始就预设在主体的意向性之中,即是说,将一个对象称为一个目的,就是因为主体赋予了它积极的评价。因此,从"我做X是为了E"到"E是善的"是分析的,是从评价性到评价性的推论,是从"应当"推论出"应当"。实际上,西伊和艾伦的角度是完全一致的,只是表述不同。当我们说格沃斯从"应当"推论出"应当"的时候,也就是说他从"是"推论出"是"。这里的"应当命题"可以作为一种主体内在的心理状态的"事实命题"来讲,当"我"说"我"应当如何如何时,这是一个应当命题,而从"我"认识到"我"应当如何如何时,这又是一个事实命题。艾伦和西伊讨论的核心问题在于格沃斯没能够解释评价性活动的规范性来源问题。

为了充分回应这些挑战,这里笔者将回到塞尔有关"言语行为"的经典讨论来重构格沃斯的推论。前文已经说明塞尔的"是与应当"推论无法将特定的事实与特定的应当进行规范性连接。例如,一个变态可以说"我承诺杀人,因此我有义务杀人,故我应当杀人",这显然不是道德应当。但其推论本身是有效的。塞尔清楚地解释了是"约翰承诺付给史密斯五美金"这一事实造成了"付给史密斯五美金"这一义务。其推论的核心是如何理解承诺这个概念。"我"承诺X就意味着"我"应当做X,承诺就是将承诺者置于某种义务之下的一种言语行为。

笔者认为格沃斯的道德推理也是一种言语行为。通览格沃斯的《理性与道德》一书,可以比较清晰地看到他所设定的语境是实践性自我理解(practical self-understanding)。这个语境的核心是当主体把自己看成PPA时,这种自我理解对他/她来说究竟意味着什么。因此,"看成"这个动词在此指的不仅仅是一个认识活动,更是一个特别的实践活动。延续塞尔的讨论来重思格沃斯的推论,当"我"说"我是一个PPA"时,这不仅意味着"我"在描述一个事实,而且意味着"我"在做一个言语行为,即意味着"我"将自己当作一个有目的的存在者。其关键在于考察当"我"把自己"看成"PPA时,这种自我理解作为一种特别的行动,将会把"我"置于何种规范性承诺之下。具体而言,当格沃斯要求我们从第一人称视角来反思自己的能动性时,他期望的不是我们仅仅纯粹地在认识论意义上理解能动性的基本结构,而是通过对行为这一概念的辩证反思,我们能够建构起实践性自我。只有从实践性自我理解的角度来看,我们才能理解格沃斯的"是与应当"推论是如何可能的,这是理解格沃斯推论最紧要的抓手。据此,我们可以将格沃斯的推论改写为:

(i)"我"宣称(utter the word):"我将自己看成一个有目的的存在者(PPA)。"

(ii)"我"将自己看成一个有目的的存在者(PPA)。这意味着"我"追求自己的目的,"我"有行为,"我"是能动者,"我"可以为自己行为的结果负责,等等。

考虑条件C1,"我"将自己看成PPA必然要求自己的基本自由和福利得到保障,必然对其诉权,必然要求PPAO有义务不去剥夺"我"的基本自由和福利。若非如此,"我"将陷入自相矛盾。

(iii)"我"宣称自己有义务对基本自由和福利诉权。

(iv)"我"将自己置于必须对基本自由和福利诉权的义务之下。

(v)"我""应当"对基本自由和福利诉权。

重构格沃斯的讨论,我们就能比较清楚地看到"自我指涉的应当"是如何从"我是一个PPA"的言语行动中推论出来的。但这样做似乎将"是与应当"推论建立在一个选言判断之上,因此无法为道德应当的推论提供根基。如果某人不把自己看成PPA,他/她显然就不"应当"对基本自由和福利诉权。格沃斯认为"不把自己看成PPA"本身就是目的性活动,实际上已经预设了自己是PPA。一个人可以在实际生活中否认自己是PPA,但却不能符合逻辑地为此。无论是"我宣称我是PPA"还是"我宣称我不是PPA",实际上都预设了"我是PPA"。但是"我是PPA"并不是一个事实判断,而是主体的实践性自我理解活动。我们或许永远不知道客观上自己是不是有目的、是不是真的支配自己的活动,但是我们有必要将自己理解为PPA,否则一切法制、道德、规范都将不可能。

以上笔者对格沃斯的推论做了塞尔式重构,说明了格沃斯的自我指涉应当的推论是如何可能的。但是塞尔的推论并不能说明道德应当何以可能。虽然他能从"约翰说,'我承诺付给史密斯五美金'",推论出"约翰应当付给史密斯五美金"。但如果约翰说"我承诺滥杀无辜",那么延续塞尔的办法,我们甚至可以推论出"约翰应该滥杀无辜"。可见,塞尔的推论停留在自我指涉的应当,不具备道德规范性。但是在格沃斯的语境下,我们可以从"言语行为"角度理解格沃斯进一步的推论。

考虑条件 C2,"我"认识到其他人也是 PPA。根据 LPU:

(vi) PPAO"应当"对基本自由和福利诉权。

(vii) "我"必须认同 PPAO"应当"对基本自由和福利诉权。如果"我"认同(v)和(vi),但拒斥(vii),"我"则一方面认同能动性是 PPA"应当"对基本自由和福利诉权的充分必要条件,另一方面又排斥它,这必然导致"我"一方面将自己看作 PPA,另一方面又排斥自己是 PPA。因此,"我"有义务认同 PPAO"应当"对基本自由和福利诉权。

考虑条件 C3,通过 ASA,"我"认识到 PPA"应当"对基本自由和福利诉权是 PPA 认为自己有权的充分必要条件。

(viii) "我"将自己置于认同所有的 PPA 有一样的基本自由和福利权的义务之下。

(ix) "我"应当认同所有 PPA 有一样的基本自由和福利权。

步骤(ix)中的应当已经是道德应当。这个道德应当有确定性的内容,即每个人的基本自由和福利。在形式上,它对每个人的意志都有绝对普遍有效的规范性。更重要的是,形式与内容之间的联系是确定的。道德应当要求我们照顾他人利益,在任何时候都应该无条件地尊重彼此的基本自由和福利。以上推论都是将语言作为一种言语行为而非纯粹的描述性活动来讨论的。艾伦和西伊似乎都未能理解格沃斯在实践性自我理解的意义上使用的"我认为我的目的是善的"这一说法,这导致他们将格沃斯的"是与应当"推论看作一种循环论证。以上笔者澄清了格沃斯推论的语境,只有做此澄清,我们才能理解格沃斯所谓的"是与应当"推论是一个特殊的论证过程。也只有在这样一个严格划定的情境下,格沃斯的论证才是可捍卫的。

当然,严格来讲,恰恰是因为格沃斯的"实践性自我理解"的方法,他并没有完成一般意义上的从"是"到"应当"的推论。他似乎绕过了这个问题,将主体从"绝对必需的是"(categorical is)推论到了"应当"。

格沃斯从"我"必须要求基本自由和福利推论到一种自我指涉的应当,即"我"应当对基本善诉权,进而根据LPU推论到道德应当,即PGC。从严格的认识论角度讲,我们可以进一步追问,为什么主体从自我辩证慎思的角度必须从"是"推论到"应当",我们就认为这种推论是有效的呢?格沃斯的"是与应当"推论是一种实践性推论,是将语言作为一种言语行为而非纯粹描述性活动来讨论的。

六、结论

在本章中,笔者介绍了格沃斯的"是与应当"推论。格沃斯从PPA行为的概念着手,通过PPA对自己能动性的辩证慎思得出了道德最高原则PGC,完成了从"是"到"应当"的推论。所谓道德应当,在他看来,无非就是能够对所有意志产生同等普遍有效规范性的应当,是一切人类活动的前提。PGC要求主体像认同自己的基本善一样认同他人的基本善。基本善的内容是基本自由和福利,这是非常确定的。PGC对意志的规定性是绝对的,没有例外,任何一个PPA都必须将自己看作PGC的遵守者。最后,PGC也避免了循环论证,道德应当并不是从PPA的概念中通过演绎方法获得的,不是纯粹分析的。道德应当是从主体对自己作为PPA的实践性自我理解中引申出来的。最早的预设是自我指涉的应当,道德应当是在PPA根据LPU,把能动者对一般能动性的必要诉权当作尊重的对象时,才得到充分说明的。显然,对PGC的辩护不是一般意义上的证明,它实际上是一种澄清,即充分分析将自己看成一个有目的的存在者,究竟于我们而言意味着什么。最后笔者讨论了保罗·艾伦和加里·西伊对格沃斯的批评。这些批评未能注意到格沃斯"是与应当"推论的语境。尽管格沃斯本人没有就PGC推论的语境问题进行专门讨论,但通读其作品,可以得知他的"是与应当"推论是在特定的语境下完成的,这一语境即PPA实践性自我理解。从这一特定的语境出发,"是与应当"推论作为一种论证是可能的。到本章为止,笔者已经完成了对格沃斯道德哲学的推论部分的介绍与反思,下章将具体介绍并反思格沃斯道德哲学的一些应用和操作思路。

第三部分

格沃斯道德哲学的应用

第八章　PGC 的直接和间接应用

在前几章笔者已经比较系统地介绍了格沃斯的道德哲学理论。本章将进入格沃斯道德哲学的应用部分。格沃斯认为 PGC 兼具形式和内容的规定性，能够为我们的道德实践提供确定性的指导。在直接应用方面，PGC 可用来规范个体与个体之间的行为，给我们提供划定权利和义务边界的指导性思路。在间接应用方面，PGC 可以帮助我们为特定的社会组织形式和制度安排辩护，能够说明为什么刑法和最小政府是必要的。因此，PGC 并不是一个空洞抽象的道德原则，经过充实，它可以成为一个切实可行的操作原则。

一、背景

道德原则的证明本身是一个困难的任务。要使其对意志具备绝对必要的规范性，通常这个原则需要足够抽象，一旦它所规定的内容过于具体，其普遍性就要打折扣。康德的绝对律令在内容上几乎是空的，它只对意志进行形式规定，因此可以免于经验内容的污染。格沃斯实际上批评了这种过于抽象的形式原则，认为一个道德原则要兼具形式和内容，这样才能用来指导特定的行为或为其辩护。但是这个质料的内容又不能过于具体，否则就不可能为道德奠基，而可能面临相对主义和道德特殊主义的挑战。在前面的章节中笔者已经比较细致地考察了格沃斯的道德哲学推理。格沃斯的 PGC 虽然宣称兼具形式和内容的确定性，但就一个原则来说，究竟如何能够沉降到现实层面，仍然值得进一步讨论。本章主要讨论 PGC 的直接和间接应用。笔者将通过几个例子来说明如何应用 PGC 来规范日常的人际交往，如何为特定的社会制度安排辩护。

二、PGC 的直接应用：杀人与救人

在人际交往中，按照 PGC 的要求，任何个体都应该互相尊重彼此的基本权利，不应故意剥夺他人的基本善①。更进一步，人们应该互助以便摆脱善的缺乏。以下笔者将着重通过杀人和救人两个案例来细致地说明 PGC 的直接应用。几乎所有的文明都有杀人禁忌，但是杀人的情况有很多种，可能只有特定的杀人情况例如谋杀才是被绝对禁止的。这里所考察的杀人仅限于个体之间的暴力行为。一个法官将罪犯判处死刑并非这里要考察的情况。法官所代表的并不是任何个体而是公权力，其判决并不代表个人的喜好，而是按照法律的规定去行使特定社会角色所赋予他/她的权力。因此，法官杀人不是谋杀而是法律判决。对这一条，笔者将在 PGC 的间接应用中进行细致讨论。

献祭行为也不是我们讨论的杀人情况。一个特定文化圈将个体生命当成祭品献给精灵或是神明，不满足笔者所讨论的定义杀人的条件。献祭行为不是发生在个体之间，而是发生在族群与个体之间，是族群根据特定宗教/巫术信念对人生命的使用。献祭者可能认为献祭对象牺牲的仅仅是肉体，他/她的灵魂作为生命并不会因此消失，反而得到了特别升华，在另外一个空间里存在着。

"不要杀人"的讨论也排除了正当防卫中剥夺施暴者生命的情况。在正当防卫中，施暴者试图剥夺受害者的基本善，根据 PGC，他/她侵害了受害者最为基本的自由和福利，因此是道德上严重错误的。PGC 一方面要求施暴者停止施暴，另一方面要求受害者尽全力防止丢失基本善。在打斗过程中，如果只有通过剥夺施暴者基本善的方式才能保存受害者的基本善，那么这种行为是 PGC 所批准的。因为施暴者违背了 PGC 的要求去剥夺他人的基本善，用来满足自己的附加善，因此对其行为需要加以制止。而对受

---

① 这里笔者延续格沃斯的讨论，进一步通过对例子的演绎来充分说明 PGC 的直接应用。有关格沃斯具体的讨论参见：Gewirth, 1980, pp. 199-249.

害者来说，他/她并未直接意图剥夺施暴者的基本善，而是直接意图维护自己的基本善，这符合PGC的基本要求。如果受害者不反抗，他/她的基本善就会被剥夺，反之，施暴者的基本善就会被剥夺。无论是哪种情况，基本善的总量都没有改变，因此我们凭借意志是否按照PGC的要求去行动来决定此行为在道德意义上的对错。

"不要杀人"所考察的也不是个体之间任何一种剥夺他人生命的行为，而是一种特定的行为，即通过剥夺他人基本善的方式来获得自己的附加善的行为。一个人因为愤怒难遏，激情杀人，并不属于蓄意谋杀。一个人在激情情况下杀人，可能并未能充分知觉自己的行为，也并非把杀人当作特定的目的。其行为源自一种本能的冲动，理智已经退场。这时候的动作并不能构成一个强意义上的行为，行为者因此不能完全承担行为的责任。而一个人觊觎别人的财货，绑票杀人，这种杀人行为才是谋杀，PGC禁止这种谋杀行为。

在谋杀行为中，杀人犯遵循这样一个准则：如果杀人可以让"我"获得更多的财富，"我"就去杀人。获得财富是目的，杀人是获得财富的手段。在这个行为中，受害者的基本善被剥夺，用来增加杀人犯的附加善。我们知道，PGC要求主体珍视自己和他人的基本善，通过剥夺他人的基本善来获得附加善是违背PGC要求的。如果一个主体认同"可以通过剥夺他人的基本善的方式来获得附加善"，他/她就认同每一个主体都可以照此操作，也因此认同自己的基本善可以被别人以获得附加善之理由剥夺掉。这必然使得主体陷入自相矛盾。"不要杀人"因此是一个完美义务。

救人的情况更加复杂一些，因为决定其情境的变量太多。例如汤姆是一个即将溺水的人，罗伯特此时正在沙滩上。我们问：罗伯特是否有救人的义务呢？这个义务是一个什么样的道德义务呢？这些问题至少可以分成以下几种情况考察。

汤姆的情况：

（a）汤姆在不知情的情况下溺水。

（b）汤姆在明知水深的情况下仍然游泳导致溺水。

罗伯特的情况：

（a）汤姆在知情/不知情的情况下溺水，罗伯特是唯一/不唯一在沙滩上的人。

（b）汤姆在知情/不知情的情况下溺水，罗伯特是一个善泳者/不善泳者。

汤姆和罗伯特的关系情况：

（a）汤姆不认识罗伯特。

（b）汤姆和罗伯特是好友/仇敌。

考虑到以上组合的情况很多，笔者将挑出几个比较重要的情况进行讨论。

（i）汤姆不知道水深。

就汤姆不知情溺水而言，他本身并不承担不应莽撞的责任。所谓莽撞，就是明明知道有特别风险仍然进行危险活动，造成重要善的损失。根据PGC，每一个PPA都必须珍视自己的基本自由和福利。为了附加善而将自己的基本善置于危险境地，从结果角度看，这并不是一个明智的举动。因为一旦丢失了基本善，任何其他更高的目的都无法再被设想和实现。如果汤姆明明知道特定区域有暗流，但为了获得极限运动的快乐而主动选择游泳，那么我们可以说他的行为不够理性，是莽撞的，但还谈不上不道德。从始至终，他的行为一直是一个自决行动，其基本自由和福利一直都受到尊重。但如果汤姆明明知道可能存在巨大风险仍然莽撞行动，明明知道这样做会使得他人付出巨大成本，甚至牺牲他人的生命，这就可能违背PGC的规定。汤姆明明可以不去游泳，进而保存他自己和救援者的基本善，但是因为他的冒险，他自己或他人的基本善丢失，汤姆的行为在道德上是亏欠的。

汤姆在不知情的情况下遇险并不存在以上道德负担。例如他在一片公共沙滩上玩耍并溺水，罗伯特和其他很多人都在场，汤姆和罗伯特也不认识，这时候罗伯特有没有义务去救援呢？根据PGC，每一个PPA都应当渴望当自己的基本善面临挑战时被施以援手。因此，每一个PPA都认识到PPAO和他/她一样有被救援的正当诉求。因此，在生命危急时刻对人施以援手是一个普遍义务。另外，根据PGC，我们可以推论出第二条原则，即如果能用最小的代价（即引起最小善的转移的办法）来获得最大善的保全和增加，那么我们应该如此去做。例如，如果牺牲附加善可以大幅度保全基本善，我们就应该去做，而通过牺牲基本善来获得附加善则不可以。

（ii）汤姆明知道下水游泳很危险，而故意下水。

在这种情况下，就汤姆而言，他应对自己的莽撞行为所招致的后果承担道德责任。如果罗伯特因救汤姆而献出生命，那么我们可以认为汤姆在一定程度上导致罗伯特失去基本善。在这种情况下救人，罗伯特即使并未牺牲，也将自己的生命置于某种危险之中。也就是说，汤姆为了自己的附加善（在危险区游泳），客观上将罗伯特的基本善置于危险之中。汤姆这样做可能并不觉得危险，或者他将这种危险看成构成刺激感的一部分。他甚至可以在接受"遇到危险时需要被帮助"的原则的同时，在游泳这一特定行动中宣称拒绝别人的帮助。他可以说，"并不是我要求罗伯特来救我的，我一开始就愿意承担一切后果"。但是在实际危险情境中，他并不可能知会其他人这一个人决定。他的这种决定在什么意义上是一个充分知情的决定也很难说清，如果有人告诉他一旦溺水他的家人会经历何种痛苦，那么他或许会重新反思自己的抉择。

同时，PPA只能合理地预设当一般人的基本善受到威胁时，他/她总是希望得到救援，除非明确看到这种行为出于自愿。因此在这种情况下，如果罗伯特善泳，他就应当去救人，牺牲自己的一点附加善而保障对方的基本善。基于同样的理由，如果罗伯特不会游泳，他就应该知会其他人来救援。如果他不善泳但可泳，PGC对他就没有直接义务之要求，是否自我牺牲则完全交由个人选择。如果他明知道风险很高，仍选择牺牲自己救回汤姆，那么这种行为虽具有道德感召力，但并非PGC所必然要求的。PGC并不要求一个人牺牲自己的基本善来保障别人的基本善，它也不要求牺牲少的基本善来保障更多的基本善。因为在基本善的分配上，PGC并不遵从一般功利原则，而认为基本善应该是人人平等分配、得到同等保障的。

（iii）其他人更加适合救援。

根据PGC，所有人都有营救汤姆的义务。但是按照PGC的实践功利原则，只有最适当的那个人最适合拯救汤姆。所谓最适当的人，指的是能够付出最少的善而拯救汤姆基本善的那个人。在现实生活中，很多经验性的条件可用来决定谁是最适当的人。如罗伯特是不是善泳,旁边有没有水上救援队,再或者有没有人离汤姆更近,汤姆的朋友在不在场,等等。显然,如果汤姆的朋友是水上救援队成员,又是游泳奥运冠军,碰巧离汤姆又很近,那么他去救汤姆是义不容辞的事情。这时候,汤姆的朋友去救汤姆并不会牺牲多少附加善,他杰出的游泳技能使他不会招致自身基本善的损失,他甚至可能会因救人行为而得到巨大的赞赏和汤姆的感谢,因此大大增加其附加善。

这时候,根据PGC,汤姆的朋友应该是最适当的救人者。罗伯特作为一个不善泳者,虽然有救人的一般义务,但此时并没有拯救汤姆的具体义务。当然在实际操作中,人们并不能立刻清楚谁是最适当的救人者,甚至会出现义务困惑,即都认为其他人有责,这反而可能导致没人施救。所以理性的情况是,在不能确定谁是最适当的救人者的时候,出于谨慎,应考虑自己(除非自己不会游泳)是最适当的救人者,及时介入救援。这是PGC应用在个体心理层面的谨慎原则。任何一个PPA,根据PGC,都应该认为自己有阻止基本善丢失的义务,做救人之准备,除非明确知道有人能比自己牺牲更少的善就能防止基本善的丢失。

(iv) 汤姆溺水,罗伯特是唯一在场的人。

在这种情况下,根据"应当"预设"能够"原则,罗伯特自然成为最适当的救人者。但是不是去救援,仍然要看他个人的具体情况。如果他是善泳者,非常确定自己仅仅牺牲附加善(例如十分钟的沙滩漫步),就能拯救汤姆的基本善,那么出于PGC,他应该施以援手。但是如果情况比较危急,去救人必然会导致两个人都死亡,救人就不是PGC所要求的,因为根本于事无补,该丢失的基本善还是会丢失。当然,在实践中,很多时候人们并不能充分预估后果,在救人之前并不能准确评估会不会导致两人都死亡。因此,在风险并不能得到充分评估的情况下,如果情况并不足够恶劣,那么应该以救人为先,除非明确知道救人是徒劳的。我们在这里的讨论并不包含一种奋不顾身的情况。例如一个人出于本能,完全无法自制地采取了拯救行动。这种行为如果"纯粹"是一种本能(实际情况是,一个人的行为总是本能与理性的混合产物),那么也不具备任何道德意义。因为这是一种机械动作,由基因和血性所决定。

如果罗伯特明确知道自己会因救援而失去生命但仍然采取了行动，继而牺牲自己拯救了汤姆，那么虽然这一行为原则上并非 PGC 所直接要求的，他的做法亦出于自愿，但是其基本善仍然得到了尊重，并不会招致自相矛盾。他可以说："如果需要牺牲自己的基本善而保全别人的基本善，我就这样做。"但 PGC 并不能要求所有人都按照英雄主义原则行事，这应交由个体裁量。如果有一条原则明确要求所有人都按照英雄主义原则行事，那么它必然侵犯个体的基本自由和福利。在现实中，英雄主义原则是值得提倡的，但不能作为硬性规定。鼓励一个人牺牲自己而拯救别人，从社群角度来说，常常能够导致基本善总量的增加。例如一个人牺牲自己勇斗歹徒，保护了一车人的生命安全。在这个例子中，虽然基本善总量是增加的，但其原则已经是一个纯粹一般意义上的功利主义原则，而不再是 PGC 原则，它丧失了义务论的所有成分，未能把基本善看成不能被剥夺的。这是 PGC 与一般功利主义原则的重要不同之处。

（v）汤姆和罗伯特相识。

可以考虑两种情况：一种是汤姆和罗伯特是朋友，另一种是汤姆和罗伯特是仇敌。如果我们认同一般性互惠原则，即 A 给予 B 特定的善，并期待 B 给予回馈，那么 A 和 B 可以通过协作来增加彼此的善。这个原则的消极模式就是：如果 A 剥夺 B 的善，那么 B 也应当剥夺 A 同等的善，这样才是正义的。按照这个原则，如果汤姆是罗伯特的朋友，罗伯特就有义务救汤姆。因为这样一来，罗伯特可以期待汤姆回报他，或者他的救人行为本身就是回报他对汤姆曾经的亏欠。如果他们是仇敌，罗伯特就不会拯救汤姆，因为汤姆曾经剥夺了罗伯特重要的善，而其溺水又不是罗伯特所直接造成的，这样一来，罗伯特可以选择袖手旁观，继而也放弃与汤姆协作的必要。但是，PGC 原则并不是一个互惠原则。PGC 对人的意志的规定是绝对的，不以人的喜好为转移，也与彼此的互助关系无关。按照 PGC 的要求，不管他们之间的关系是什么，只要条件允许，例如罗伯特会游泳等等，罗伯特就应该去救汤姆。

以上笔者举例说明了 PGC 的直接应用。这虽然并未穷尽所有情况，但已就 PGC 在现实中进一步演绎的可能做了初步说明。PGC 作为道德原则可以直接应用在个人交往之中。人的生活中除了有人际交往，同时也有制度性生存内容，也就是人生活在特定的社会组织、政治制度中的情况。因此，我们需要进一步理解这种制度性生存的合理性。这正是格沃斯PGC的间接应用所讨论的内容。笔者将着重讨论PGC如何为刑法和最小政府的情况辩护。

三、PGC的间接应用：刑法和最小政府

人总是生活在各种政治和经济制度中。所谓制度，无非是一种体制性安排，这种安排超越个人的联系，以组织机构作为基本单元进行超人格的权利和义务布置。这种布置的合法性来源需要得到解释。如果某种制度仅仅是暴力建构的产物，那么我们对它的遵守完全出于自利或是恐惧，并没有什么理性基础。一种可能的情况是力量分配高度不均，一部分人奴役另一部分人，通过体制性安排制度化自己的意志。在这种情况下，针对奴役本身，我们需要进行道德反思。另一种可能的情况是力量分配相对平均，继而人们通过协商达成一些共识（overlapping consensus）。这种共识可能是非常任性的，例如一群人达成一个捍卫死刑的共识，但是力量平衡总是动态的，当新的平衡达到时，人们则可能会考虑废除死刑。是不是废除死刑，无法诉诸更高的权威进行抉择，而只能是力量偶然平衡的结果，因此是任性的。很多时候，这种结果无法在道德上得到说明。

还有一种情况，一个体制性安排可能允许我们从任何一个立场出发，去充分考察反对意见和冲突，继而修正之前的立场，然后再次搜集反对意见和冲突，不断往复，最终臻至一种平衡。但是最终决定是否达到平衡的，如果不是直觉，那么只能是一种行之有效的实现特定意图的功能。然而，无论是直觉还是所欲的社会功能本身都需要经过道德批准。如果这些直觉和社会功能违反了道德要求，它们从一开始就不能作为反思平衡的标准。例如一个纳粹社会，其成员可能都认同犹太人低劣，认为通过排犹可以实现日耳曼种族的复兴，因此达成迫害犹太人的共识。这种做法显然是不道德的，因为无论是有关犹太人的直觉还是其意图，在道德上都是可疑的。

另外一种办法是诉诸一种开放的程序。也就是说，反思的平衡是建立在广泛的社会沟通之上的，社会沟通在自由的民主社会为言论自由所保

障。如果公众可以针对特定的问题进行广泛协商，不同的利益群体可以充分表达意见，代表们恪尽职守，最终确立的制度就是合法的。但是究竟为何这种程序性安排可以决定反思平衡是正当的，仍然需要进一步说明。我们要问：为什么言论自由是必要的？格沃斯认为，我们最终需要一个道德原则来对一切安排做出最为基础性的说明。一切社会制度和安排最终都需要经过道德批准，也恰恰是道德批准，才使得这些社会制度和安排具备合法性。因此，我们需要研究PGC对社会制度的奠基作用。也就是说，基于什么道德理由我们需要建立社会制度。

试想一个国家的刑法中有死刑。当一个法官判决罪犯死刑时，他/她会面临一些道德挑战。根据黄金法则"己所不欲，勿施于人"的要求，罪犯可以质问法官：既然法官自己不想被剥夺生命，那么为什么可以剥夺罪犯的生命呢？黄金法则在这里起不到判决的作用。实际上任何一个人——即使其犯罪了——都不想被剥夺生命，对生命的一般欲求适用于所有人。因此，罪犯可以对法官说：即使是你犯罪了，你也不想被处死，那么为什么我犯罪了，就应该被处死呢？一般而言，道德黄金法则只有在预防犯罪时是有效的，在犯罪究责时并不见得有效。即使对于预防犯罪，它也仅仅对持共同前提的人有效。例如，一个变态杀人魔认同别人为了快乐可以剥夺他/她的生命，因此他/她也认同自己为了快乐可以剥夺别人的生命。黄金法则并不能告诉我们为了快乐而剥夺生命本身是不对的，它的基本形式仅仅是如果"我"愿意被这么对待，"我"就可以这么对待别人。

因此，道德原则最终是建立在对自己的欲求的普遍化之上的，但对欲求本身及其合法性不能做道德判断。比如，一个男人可能觉得如果他是女人，他就要顺从男人，因此女人顺从男人应该成为一条律法。而一个女人完全可以接纳这条原则，即如果她是男人，女人就应该顺从她。这些个人原则在形式上并没有违背黄金法则，但在道德上是可疑的。在格沃斯看来，PGC的间接应用可以规避这些挑战。

PGC要求每一个PPA都按照自己和他人平等的普遍权利所要求的那样去行动。但在日常实践中，人总是生活在群体中，也总是有人因为意志薄弱而作恶。这些恶行导致了善的不正当转移。例如，有人通过剥夺他人的基本善来增加自己的附加善。既然总是有人做这些事，那么每一个

PPA根据理性的要求,都需要这种善的转移被制止,自己得到补偿。这里有几种办法:一是诉诸直接的个体较量。他/她剥夺"我","我"进行正当防卫。二是诉诸私力救济,通过寻找一些社会组织来给自己赋权,寻求正义。三是建立一个刑法体制。

就直接的个体较量而言,PGC的应用可以指导行为,但不能立刻纠正行为。在实际生活中,恰恰是强者才去剥夺弱者,因此在直接冲突中弱者并不能改变善的转移,甚至会陷入更加糟糕的境地。因此,任何一个弱者PPA,都必然要求自己在力量悬殊的情况下获取帮助。例如一个村民之所以遭到土匪的骚扰,恰恰是因为他/她处于弱势地位。这时诉诸直接冲突不仅不会减少损失,甚至会招致殒命。这时候他/她可以诉诸私力救济。假如他/她家户大,就可以召集同姓的族人一起抵抗强敌。但是私力救济作为一种资源并不能保证每个人都可以公平获得,一般而言资源总是强者占有的多些,因此仍然无法保障弱者的权利。

在实践中,我们逐渐认识到只有建立一个刑法体制,才能比较有效地公平保障每个PPA的基本善。即建立这样一个政府,这个政府将每个人看成PPA,因为其一般能动性而承认其具有相同的基本权利,并建立刑法体制来予以保障。这种办法与上面两种办法相比有如下特点。首先,刑法适用于所有人,任何PPA犯罪都将受到惩罚,且同罪同罚。其次,刑法规定了非常具体的行为,这些行为涉及PPA基本善的不当转移情况,在内容上是非常确定的。最后,刑法的执行者是去人格化的单位,刑法条例的制定和刑罚的执行都并非反映个人或者某个特定群体的意志。一个最小意义上的政府就是能够保证刑法得以组织和实施的政府。刑法的这三个特点应该得到PGC的批准。因循格沃斯的思路,笔者将说明这种批准的可能性。

(i) PGC要求所有的PPA都按照自己和他人平等的普遍权利所要求的那样去行动。这意味着:(a)他/她必须认为自己有基本自由和福利权。(b)他/她必须认为PPAO有基本自由和福利权。(c)他/她必须认为自己应当尊重PPAO的基本自由和福利权。

(ii) 在现实生活中,总有PPA违背PGC,为了实现对基本善的保障,PPA必然欲求实现这一目的的手段。这意味着:(a) PPA认识到建立一套刑法是实现对基本善的保障的办法。作为一个办法，它将帮我们对具体的问题进行分析，搞清什么善受到了侵害、善转移了多少并说明如何进行补偿和纠正。(b) PPA认识到刑法体制需要立法者和执法者。这意味着要有人一方面有立法和执法的力量，另一方面有立法和审判需要的理性能力。(c) 考虑到立法者和执法者亦可能违法，必须建立一套办法来防止这一点，保证刑法同样适用于他们。这意味着，在原则上，不仅立法者和执法者要有能力立法和执法，而且他们立法和执法的合法性来自PPA的授权。

(iii) 根据(i)和(ii)，PPA必然要让渡一部分自由和福利来保障刑法的制定、修正和执行，偿付立法、修法和执法成本。这意味着：(a) 他/她必须支持刑法的制定和执行。他/她将转移自己的一部分附加善，用来保障自己的基本善和必要善。一个国家的立法、释法和执法机构的建设和维持都需要成本。一个PPA无法理性地拒绝支付这个成本，拒绝它就相当于拒绝自己的基本善，而爱惜附加善。殊不知基本善是附加善的前提，若没有前者，后者则无从谈起。(b) 他/她必须支持刑法对他人的自由和福利的限制。如果拒斥(b)，就意味着刑法对犯罪分子不能惩罚，对普通人不能约束，PPA自己的基本善将可能随时被剥夺。这显然是自相矛盾的。(c) 他/她必然支持刑法对自己自由和福利的限制。刑法是保障基本善的，是PGC所批准的，它对PPA意志的规定是普遍的。无论是谁，都应该遵守刑法。如果只让别人遵守而自己不遵守，就相当于认同一般能动性既是又不是权利的基础，这也是自相矛盾的。

我们根据(i)引申出的(ii)和(iii)都是无法被主体符合理性地违背的，如果违背，就势必引发自相矛盾。一个杀人犯作为一个PPA，首先必然认同剥夺别人的生命是错的，他/她也必然认同一旦别人的生命被剥夺，刑法就应该给予其制裁。也就是说，一个罪犯作为一个PPA，必然认同为自己的错误付出代价，若非如此，他/她就是在拒斥刑法，拒斥自己的基本善得到保障，拒斥自己是PPA。不管罪犯实际上是不是认同惩罚，他/她都必须理性地认同惩罚。也正因如此，法官对罪犯的裁定才是道德上可辩护的。对罪犯的罚没和囚禁，原则上是在他/她知情同意的基础上完成的，因此是正当的。简言之，认同杀人偿命的人杀了人，对其生命的剥夺原则上是他/她所认同的。因此，并没有直接侵害（虽然实际上拿走了）杀人犯的基本自由和福利的情况出现，在此例中，杀人和偿命都是杀人犯自由的选择。

显然，格沃斯对刑法和最小政府的辩护不同于经典自由主义者的观点。经典自由主义者认为社会规则和制度建立在一种共识的基础之上。恰恰是人在自然状态下或者悲惨（正如霍布斯所指出的那样）或者脆弱（正如洛克所指出的那样）的境地使得人有建立最小政府的需要（Locke，1821；Hobbes and Brooke，2017）。政府的主要职能在于制定和执行刑法，继而规范人与人之间的行为，为人们之间的协作提供一个基本条件。人们为了保障和发展自己的自由和福利而选择让渡出一部分自由给一个去人格化的机构，以便更好地保障和实现自己的自由。就对自由和福利的考量来说，格沃斯的看法与经典自由主义者的观点是相似的，但这两者的论证却完全不同。经典自由主义者将最小政府的必要性建立在人们对自由和福利的诉求之上，是公民的同意构成了政府和法律的合法性，但其并未说明为什么这种诉求是正当和必要的。如果一群暴民根本不赞同经典自由主义者对自然状态下社会的描述，即不同意建立最低限度的政府和刑法，而是同意享受这种无政府状态下的放肆、互相吞噬，那么经典自由主义建立在共识基础上的政府论可能很难有说服力。

首先，无论是霍布斯还是洛克都较难说服人采信自己的原初立场。原初立场在其理论中本身就包含规范性内容。它认为人在破坏力和脆弱性上是平等的不纯粹是一个事实判断，而预设了人本来应当在这些能力上是平等的。在现实生活中，人们的破坏力和脆弱性差距很大，只有在剥离一切经验差别，例如名声、地位、智力和天分等之后，这种破坏力和脆弱性的平等才显现出来。罗尔斯的"无知之幕"试图屏蔽这些差别。问题是，作为现实生活中的个体，其为什么要特意放弃这些重要的经验信息，从一个原初立场来思考问题呢？这显然需要一个理由。一个人完全可以持这样一个立场："当我是弱者的时候，我需要认同刑法，当我是强者的时候，我就不需要认同刑法。"他/她也可以将这个原则普遍化，宣称任何人当处于弱者地位时，都需要认同刑法，当处于强者地位时，则不必认同刑法。因此，要认同经典自由主义者的原初立场，我们就要做一个实际上非常特别的考量，即选择相信自己在脆弱性上、在变强的潜力上与其他人总是平等的。这显然不是一个事实判断而是一种价值抉择。经典自由主义的共识论没有进一步说明这种抉择的必要性。从这个角度讲，正义的基本观念可能从一开始就被预设了，正是这种正义观使得人们决定如何解读自己的处境。

相反，PGC规定PPA必然要求刑法和最小政府。如果不这样做，他们就是在否定自己是PPA，这是自相矛盾的。如果我们是理性的动物——还使用语言，还进行规范性的行为，我们就必须珍视基本善和与其相关的工具善。PGC作为一个道德原则，是从PPA的实践性自我理解当中推论出来的。因此，对刑法和最小政府的追求不取决于人偶然的共识，或者人纯粹的自利，而是源自道德理由。格沃斯还进一步讨论了在最小政府之外建立帮扶政府的意义。根据PGC，每个人都必然希望能够生活在一个不仅保障基本善和必要善，而且能广泛增加附加善的社会中。因此，建立一个能够更加有效地组织资源、进一步促进协作的社会就变得异常重要。总的来说，格沃斯是美国理想主义左派知识分子的代表。他试图通过PGC的间接应用来考察社会制度，甚至提出应该在工厂中实现广泛的民主诉求。他的工作亟须得到更加细致的介绍与考察①。

四、结论

本章主要讨论了PGC的直接和间接应用。在PGC的直接应用中，笔者讨论了杀人和救人这两个例子。PGC稍加演绎就可以给我们提供一个比较细致的规范人际交往的操作规则，能够说明何人有何权利和义务。在PGC的间接应用中，笔者说明了PGC旨在为社会制度安排提供最终的规范性说明。一个PPA考虑到自己是一个PPA，必然会认同制定基本刑法，拥护最小政府。若非如此，他/她就是在否认自己是PPA，这是非理性的。如果我们还需要去建立什么原则，还需要为行动辩护，认识到人是一种特殊的规范性动物，我们就必然会按照PGC的间接应用所要求的那

---

① 格沃斯有关PGC间接应用的细致论述，可参考其《理性与道德》一书（Gewirth, 1980, pp. 272 - 354）。

样去建立社会制度。最后,笔者还说明了 PGC 的间接应用与经典自由主义的原初立场在方法上的根本不同。经典自由主义要求人放弃自己的一切经验信息,预设人与人之间在破坏力和脆弱性上大约平等。这实际上并非一个事实判断,而是一种价值抉择。经典自由主义既未能说明为什么我们要将自己放入原初立场中,也未能说明为何作为一种共识的抉择是绝对必要的。PGC 却不同,它并不要求人们放弃自己的经验处境,预先设定任何特定的立场,它仅要求人从最为基本的理性出发,从实践性自我理解的角度,推论出自己作为一个 PPA 所必然要求的社会制度。这样一来,刑法和最小国家就不是一般意义上的共识,而是 PPA 必然认同的一种制度安排,不以人的好恶为转移。这种特定的制度安排具备道德意义,为道德所批准。

第九章　格沃斯的尊严观

本章笔者将着重考察格沃斯的尊严观。人的尊严是道德哲学、法学和政治学中的一个至关重要的概念。格沃斯认为人的尊严不是获得性的，不需要特定的地位、特定的角色与之匹配，或者通过特殊的道德努力才能获得。人的尊严是人人共有等有的，它的基础并不是任何具体经验性事实或者道德形而上学，而恰恰是人的能动性。每一个PPA都必然将自己看成价值之源，也正因如此，他/她也必然认同自己有最为根本的价值，即尊严。如果PPA认为自己没有尊严，他/她就相当于认为自己不是PPA，这势必在意志中引起严重的自相矛盾，是不可思议的。

一、背景

人的尊严是道德哲学、法学和政治学中的一个显要的概念，它一般被当作人最为根本、最为根基性的存在，在这个概念基础上可建立各种理论。由于几乎没有哪个概念能够有如此大的学科跨度和如此显著的重要性，因此它值得特别关注（Düwell, 2011；Düwell, et al., 2014）。"尊严"一词最早指的是特定身份的人所具备的道德地位。例如一个教士的尊严、一个大公的尊严等。尊严在这里指的是那些具备公共人格的人因其特有的职位、道德修为和禀赋等资质而获得的风度和权威，它的外在表现是威严。然而，今天所讨论的人的尊严，其意义发生了很大变化。它指的是人之为人所普遍具备的一种道德地位。这种尊严观至少受三个传统的影响，即基督教神学传统、康德理性传统和存在主义传统。

基督教神学传统将人的尊严建立在上帝形象（Imago Dei）之上（Duffy and Gambatese，1999）。人按神的形象受造，因之而赋有从神而来的尊严，尊严的权威植根于有关上帝的属性。《圣经》通过上帝的话语明确说明亚当与其他受造的区别。因亚当的召唤而万物得其名，而万物奉主之名可以任由亚当来使用，人在万物中有特别的地位，在洛夫乔伊的《存在巨链》（*The Great Chain of Being*）中，人处在其他万物之上、天使和上帝之下（Lovejoy，2017）。

康德理性传统则将人的尊严建立在人的自由性之上。从一般道德常识出发，康德认为，如果我们认为并相信道德有普遍有效的规范性，那么道德原则必然不能把任何经验的对象都当成自己的目的，所剩下的无非是原则对意志的普遍规范性，这就是所谓的绝对律令。一旦人意识到自己的这种意志立法性，他/她就会注意到自己的理性所赋予自己的超越性维度，因此是自由赋予人内在价值。所有有工具价值的只有价格，而具备内在价值的则有尊严（Kant, et al., 2011, p. 97）。

存在主义传统将尊严奠基于人的存在性自由之上。这种自由不是道德自由，不是康德所言的理性的生活，它指的是人可以主动回应现实性（factuality）的一种超越（transcendence）能力，也就是说尊严建立在人所特有的认同之上，即人是一种不可预测、自我决定的存在者（Kateb, 2011, pp. 9 - 17）。

在这三个传统中，康德理性传统在国内受到的讨论最多。这里的尊严与前现代尊严的不同之处在于，尊严在此变成了人人都天然具备的、不容被侵犯的、不能被剥夺的东西。一个人的尊严与他/她的角色和修为不再相关。这种尊严观近期也遭受很大挑战，比如倪培民有关儒家尊严观的讨论，就试图将"尊严"与"应得"联系起来（Ni，2014）。他认为现代尊严观给道德伦理实践带来了巨大挑战。现代尊严观将尊严与人的作为割裂开了，好人和恶人拥有一样的尊严。建立在这种尊严观之上的人权观导致了人权通胀，人权清单越来越长，规范性却越来越差，人权失去了它的威严。倪培民提出儒家尊严观，认为尊严可以建立在四心之上，但是四心只是四端，只有尽力地完成它才能获得尊严。这一观点将人的尊严改造成了一种道德收获，即只有付出道德努力的人才配享有尊严。不过，这一改造虽然督促人去努力争取道德完善，但却可能造成巨大的人权侵犯（Schilling，2016）。

人的尊严这一概念在第二次世界大战之后登堂入室，成为一个显要的概念，其现实原因恰恰是见证了纳粹对犹太人的迫害。伤害一个人常常从指责他/她的道德修为开始。认为一个人道德败坏、行为不端可以使得其丧失尊严，进而可以对其进行非人的虐待。人的尊严概念在此情况下被提出来，恰恰是为了给人寻找一个不受个人道德努力、他人看法乃至政治认同等影响的最为根本的道德地位。如果我们认同人的尊严有这样一个超越的地位，但是又不想把它建立在空洞的形而上学之上，那么还有没有别的思路呢？正是在此背景下，格沃斯的尊严讨论才有其特殊意义。

二、尊严奠基的困难

格沃斯在他的《自我实现》一书中比较细致地提出了他的尊严观（Gewirth，2009）。但实际上，对尊严的规范性基础的讨论则是在《理性与道德》这本奠基之作中完成的。笔者在前面的章节中已经对格沃斯的道德推理做了比较具体的介绍和讨论，在此基础上，笔者将进一步介绍他的尊严观。要理解人的尊严，首先要澄清以下几点：首先，什么是人的尊严，即人的尊严的概念是什么。其次，为什么要人的尊严，即我们出于什么理由认同人人等有尊严。最后，人的尊严与人权的关系是什么，即为什么同等的尊严意味着我们同等地应得一些东西。这三者总是交织在一起，回答它们其中的任何一个，必然要求澄清其他两者。

所谓人的尊严，无非就是人人天然具有的一种道德地位。尊严为什么重要呢？我们可以把尊严看成人权指征。一个有权利的人，因自己的根本利益得到保障而表现出来的自尊感就是尊严。一个私产和自由都得到充分保障的人，不用生活在一种随时担心被剥夺的依附关系中，正因如此，他/她可以抬头挺胸、目光坚定，不用胁肩谄笑取悦他人，所以具备尊严。一个有权利的人因心灵的充实而可能获得一种特殊的自尊感，但格沃斯认为这样一来，虽然尊严的超越性建立在人权之上，但是人权的超越性还是没有找到。在他看来，人的尊严是一个逻辑前件，是用来为人权的普遍有效性奠基的，因此是更基础性的概念。从法律实证主义角度来讲，人权无非是现代社会需要提供法律保障的一些重要内容。或者从政治立场来看，人权意味着有一些内容对所有人都很重要，因此需要立法来保护它们并使它们成为共识。格沃斯对这些说法并不满意。他认为人权首先是一个道德概念。他追问我们为什么要保护特定的价值和利益，为什么它们如此重要。它们的重要性需要得到辩护，不能独断地宣称。

人权之所以是人权，无非因为它是人人天然享有的权利，与人的出身、阶级、学养和道德修为都没关系，人人生而有之。在格沃斯看来，人权的普遍有效性需要从人的尊严那里找，这必然涉及对人的尊严作为一种道德概念的讨论。格沃斯认为尊严与权利是相互作用的。权利是尊严的保障，尊严是诉权的潜能和基础（Gewirth，2009，p. 161）。格沃斯认为，那种与修养、地位等相关的尊严是经验尊严，而人人等有的尊严是内在尊严（Gewirth，2009，pp. 162 - 163）。如果尊严是人权的基础，那么尊严就绝不能是经验尊严，它必须到别处去找自己的超越性。因此，格沃斯主要讨论的是内在尊严问题。但是很显然，人生而有尊严这一说法实际上是违背常识的。如果有这种尊严，那么希特勒和甘地应该同等具备。然而实际上这两个人的差别非常之大。他们的德性、人品、道德修为都天差地别。一个是反人类罪犯，一个是印度的"圣雄"，在什么意义上我们可以称他们拥有同等的尊严呢？

为此，我们必须找到一个相当抽象的规范性基础。我们当然可以说因为人人都珍视生命、追求幸福，都重视理性和意志的实现，所以这些人人所欲的内容可以作为尊严的基础。格沃斯认为这种思路面临诸多挑战。

首先，虽然生命是人人都珍视的，但是生命的意义常常不在生命本身，而在生命之外。生命在生物学意义上仅仅意味着人作为一个有机体的延续和繁荣。就生命的延续而言，我们主要用长度（寿命）来度量。但是生命的长度与生命的价值之间显然不是简单正相关的。拥有短暂的生命的烈士，显然比长寿的汉奸要更有价值。在此，我们认为只有当把生命奉献给一个生命之外的伟大事业时，生命才不是虚度的。因此，我们常感觉生命本身不是一个目的，而是一个条件。就生命的繁荣而言，我们主要用丰富性（厚度）来丈量。我们着重观察一个什么样的生命是丰富的、自我实现了的。托马斯·阿奎那从自然法角度把人的繁殖、玩要、学习和社交冲动统归于人性,认为对它们的满足就是丰富的人生(Murphy,2004)。这里的生命概念已经被拓展了,生命的繁荣就是幸福。前文提到,康德已经说明将幸福作为一个目的,并不能给意志提供普遍有效的道德原则,因为幸福一方面是经验善的笼统总和,另一方面又是模糊不确定的。就前者而言,所有建立在经验目的之上的个人准则都无法具备超越性,因为经验善都是有条件的,要以道德善为前提。例如我觉得花生是善的,但给一个过敏的人就是恶的。美德也不一定会带来绝对良善的结果,例如一个杀手的"冷静",通常会造成更大的伤害。就后者而言,幸福是一个很含混的概念。不同的文化背景的人分享不同的幸福观。即使是同一个文化圈的人,对幸福的定义也不尽相同。对同一个人来说,虽然他/她可能有很多欲求,但是这些欲求之间常常冲突,满足一方就要限制另一方,幸福是一种持续不断的追求和调试。可见,无论是生命还是幸福,都没法为尊严提供一个稳固的根基。

因此,我们必须进一步追问生命为什么重要,即生命的意义是什么。针对这一问题,一般有两种思路。一种思路是认为只有针对概念功能(ideational)的使用才能谈论意义(Gewirth,2009,p.184)。例如,"桌子在那里"作为一个陈述,准确地反映了物与"我"的空间关系。"单身汉就是没有伴侣的人"则是一种规定,有说明的意义。但是生命不属于以上两者,谈不上意义问题。另一种思路是将生命本身看成一种能指,它是为了指示所指的。例如我们看到烟便想到火,于是用冒烟来指示着火。生命可能只是一种能指,它指向一个目的。也就是说,当我们理解生命时,我们总是从目的论角度对它进行理解,将其当作一个走向目的的过程。这样,当我们问生命的意义时,我们实际上在问生命的目的是什么(Gewirth,2009,p.185)。追问生命的目的是一个最重要的实践性自我理解活动,它是主体赋予某些东西特定价值,并用自己的一生对该价值进行上下求索的人生努力。正是这种实践性自我理解的能力使得人超越万物、得享尊严。之后笔者将具体论述格沃斯的这一思想。

其次,除了生命,格沃斯认为理性能力和意志自由同样不能给尊严奠基。因为理性能力和意志自由显然不是均匀分配的,人与人之间的差别非常大。以它们为基础会导致尊严分配不平等,有人分得多,有人分得少。

一个高级知识分子与一个莽夫比起来，理性能力要强得多，所以可能多分得尊严。另外，理性和意志本身从一般意义上理解是价值中立的，可以用于或善或恶的目的。谋求善的理性和意志可以为尊严奠基，但是为恶的理性和意志有何尊严可谈呢？另外，理性和意志比起尊严来是更加一般的概念。任何人都有理性和意志，它们在相当程度上（虽然并非全部）是描述性的概念，是分析并理解人的行为的基本词语。但是尊严并不属于这类概念，它并不是描述性的而是规范性的。如果我们要将理性能力和意志自由作为尊严的基础，我们就必须充分确立理性能力和意志自由同人的尊严之间的联系，使得尊严能够在不同人之间平等分配。

一种办法是诉诸最一般的、人人均有的理性和意志能力，这的确是格沃斯的办法。不过，即使我们注意到最一般的理性和意志能力是人人均有的，继而将尊严建立在这样一种归纳的事实之上，我们也始终面临前文所提到的休谟困境，即：从一般的人具有理性能力和意志自由的事实，如何能够得出他/她有尊严，即他/她"应当"被尊重呢？这种规范性的鸿沟如何被填平始终是一个棘手的问题。另外，如果我们细致地考察一般理性能力和意志自由，我们就会发现这同"花是红色的""椅子在那儿"仍然有很大差别，并不是纯粹意义上描述性的概念。"红色"是反射了特定波长的可见光，椅子是占据空间的，这都是可以诉诸经验确证的。人有理性和意志不能直接诉诸基本感官体验。只有在规定何为理性和意志后，进而观察人的行为是否符合这一规定，我们才知道它们是什么。但是理性和意志不是单一的规定，其分类很多。道德理性和工具理性完全不是一回事，自由意志和不自由意志的差别也很大。我们需要进一步理解尊严所依托的理性和意志究竟是什么。

最后，"互相尊重"作为一个道德原则同样不能给尊严奠基。你可以说人之所以有尊严是因为人应得到尊重。这在日常表达中没什么问题，很多时候我们就是这样进行推理的。"人有尊严"和"人值得尊重"这两句话是一样的，可以互相替换。这样一来，从人值得尊重这个命题中就可以分析地得出他/她是有尊严的。即使如此，我们仍然要问为什么人应得到尊重，并且是同等的尊重。这显然同日常生活经验相悖。生活中很显然有些人得到的尊重比别人要多，我们甚至认为有人因举止不堪而不配得到尊重。格沃斯认为，要理解尊重，先要理解尊严。也就是说，尊严是逻辑在先的，尊重实际上是人有尊严所造成的结果。格沃斯仍然试图从理性、自发性/自由意志的能动性结构角度来寻找尊严的根基。但是他不再从一般经验意义上对理性和自发性/自由意志进行理解，而是做了规范性的重构。在前面的章节中笔者已经系统介绍过格沃斯的道德推理和规范性来源问题，为了说明他的尊严讨论，这里将先进行扼要回顾。

三、格沃斯的努力

如果我们把人的尊严理解为人的特定价值，那么这个价值具备两个特点：一是包容，即所有人都有一样的价值，毫无例外。二是排斥，也就是只有人有这种价值，其他存在者都没有。格沃斯认为只能从人的能动性中来寻找这两个特点的根据。例如一个烟民要抽烟，他/她将自己放置在抽烟前后的因果序列里，形成抽或不抽两种选项，并判断得失。虽然烟民有烟瘾，但这不同于毒瘾，他/她毕竟仍然具备选择抽或戒的自由。如果他/她成瘾严重，活动受迫，就谈不上行为了。所以在格沃斯看来，所谓目的性活动，实际上是具备自我意识的、有一定理性的、能够使用最一般意义上的归纳和演绎推理的自由活动。目前来看，只有理性的存在者才具备这种能力。

另外，人——即使是理性能力很弱的残疾人——大都有目的性行为。动物或许在一定程度上具备解决问题、获得欲求对象的能力，但是这并不是自觉自由的活动。当然这是一个简单的归纳，动物是不是有一定程度上自觉自由的活动取决于我们研究了多少物种，以及使用的研究手段和办法是什么。假如动物也有自觉自由的活动，我们就要做出可能的修正，即可能要赋予动物尊严。如果仍然要坚持人的尊严，我们就必须从其他地方寻找尊严的排他性基础。不过，如果我们提高理性和自由的复杂程度，我们就可能使得尊严不够包容，导致有些人被排除在外。因此，解决排他性与包容性之间的张力是尊严研究的重要内容。

格沃斯认为目的性行为是人所共有的特征，同时又能适当地排除动物。目的性行为成为可能的前置条件，就是主体必须将自己理解成有基本自由和福利的主体。否则，人就没法行动，丧失能动性，消解主体性。所以人，从实践性自我理解角度讲，如果将自己看成人，就必然会珍视自己的目的性以及相关的自由和福利。继而，随着自我理解的深入，从内在辩证慎思的角度，主体一定能认识到任何对象之所以变成目的，完全是意志的赋值活动，即意志把对象当成是有积极价值的、善的。这个善不必是一个断言善，或者说是客观善，而完全就是主体的评价善，说明了此对象是主体所欲的。

另外，对象对于主体的可欲性不是一个简单的规定，例如将猫规定为狗。实际上，考虑到它可以满足自己某一方面的特定需要，主体在实践中很自然地把所欲对象当成是善的。虽然事实上，人们可能常常憎恶自己的所欲对象。这有两种情况。例如一个吸毒者也可能憎恶毒品，但却不能不吸毒。格沃斯把这种行动归结为动作，不在我们考察范围之内。另外一种情况可能由理性没能清楚地澄清行为的结构所致。一个糖尿病患者对冰激凌持纠结态度并不代表他/她觉得冰激凌坏，而是说它对于满足口腹之欲为善，而对于健康为害。在格沃斯那里，所谓"可欲的"就是"善的"，这两个词是同义词。即是说，对象之所以是善的，并不是因为它自身具备一种善性，而是因为它的特质契合主体的需要。这意味着目的性活动是主体基于经验将特定对象看作善的一种活动。它包含经验中可以感知的对象和主体赋值两个部分。当主体判断特定对象可以满足其特定需要时，他/她将其看作善的，而桥接对象与需要两者的则是实践智慧。

继而再来区分善的来源和善的决定。善的来源指的是它的规范性从何而来，而善的决定则考察什么决定善。在格沃斯的框架中，一个对象是不是善的，就其规范性来源而言，完全出自主体评价。而什么决定善，则受到特定目标的属性与主体需要契合度的影响，这在很大程度上是一个科学认识的过程。例如，一个饥饿的人可以将食物看作善的。他/她欲求的是充饥，而食物就是充饥物，这是分析的。但具体什么是食物，则需要经验性的判断，即理解特定对象在口感、果腹和营养意义上的作用。一个有工具理性的人，如果是清醒的，那么必然不能把铁块当成食物，但可以把面包当成食物。这个经验判断并非完全是主观任性的，而是建立在对基本事实的判断基础之上。如果有人把铁块当成食物，则有两种情况。一种情况是他/她是完全疯癫的，这时候其行动实际上不是行为，而仅仅是动作。

另一种情况是，他/她具备完整的归纳和推理能力，知道自己有吃饭的需要，并理解吃饭需要获得食物，食物是满足吃饭需要的必要手段，等等。但出于种种原因，他却认为铁块才是满足自己吃饭需要的食物，认为它在口感、果腹和营养意义上都满足食物的要求。笔者认为格沃斯仍然认为这种情况下所发生的是行为，虽然它极为反常偏执。这并不能说明善完全为主体的意志所决定。在此例中，如果主体的理性没有受到影响，如果他/她固执地认为铁块的某种属性刚好满足食物的要求，那么一切具备这种属性的对象，在这一点上都要被称为食物，主体并不能任性地决定，他/她必须遵守这样的推理。即主体认为铁块的属性P（或者是一个属性，或者是一个属性的集合）使得它被归类为食物F，那么所有具备属性P的对象O都应被归类为食物F。

还有一种可能是，虽然主体认为自己有吃饭的需要，并认同食物可以满足此需要，但是其对什么是食物有特别的理解，他/她坚守这样一个原则："在我需要吃饭的时候，我所喜欢的东西就是食物。"这个原则对主体来说可以普遍化，但并不能在不同主体间普遍化。一个理智健全的人并不会认同这个原则。如果一个主体坚持这个原则，那么是否说明实际上对象的善本身可以仅由主体任性决定呢？在此过程中，主体有目的性欲求，有工具理性，认为食物是满足吃饭目的的手段。他/她唯一不可理喻的是经验上的无知，在此他/她犯了一种知识性错误，错误地认为所喜欢的与可吃的是一回事。但是这并不影响他/她的行为被称为行为，其行为仅仅是一个荒唐的行为而已，并不会因此退化成精神病人的动作或石块的物理运动。但如果细致考察，就会注意到所喜欢的既然被理解为可吃的，那么他/她仍然要认同所有具备能让他/她喜欢的属性P的对象，都是食物。

如果他/她认为没有固定的属性P使得其喜欢，那么喜欢完全是任性的，完全是顺从自己的心情的，而他/她的心情完全是不可预测的，他/她自己也没法预测和把握，这种辩护就预设了一个超主体的存在来支配主体，他/她将无法为这种任性的冲动是自主的辩护，行动在这种情况下堕落为动作，不再是格沃斯意义上的行为。因此，我们可以说对象的善性，即它的规范性来源纯粹来自主体的目的性，而善性是由主体的工具理性和特定对象物质的属性共同决定的。

综上，我们知道在格沃斯的理论框架中，目的 E 的善性根本上来自主体的评价。格沃斯进一步从这一判断出发，认为既然一切所欲对象的价值都来源于主体，我们因此就必须给主体一个最为根本的规范性地位。主体在实践意义上是一个价值赋予者，在本体论意义上则应被理解为一个价值源头。这里，格沃斯从现有的规范性行为的概念着手，反推这个概念成立的基本条件是什么。

(i) 人的行为是规范性的。所谓规范性，指的是它是有目的的行动。

(ii) 所谓有目的，指的是主体认为对象是值得欲求的，即认为它是善的，并且因此拒斥别人阻碍他/她实现这个目的，认为这一阻碍行为是恶的。

(iii) 综合 (i) (ii)，我们知道，行为之所以可能，恰恰是因为有主体，没有主体的目的性追求，任何行为都不可能。也就是说，一切人事（规范性活动）都不可能。

(iv) 因此，如果我们存人事，将人生理解为规范性活动，我们就必然要将人的主体性理解为根本性的存在，这样，人就获得了一种极其特别的先在性规范地位（pertains a fortiori）(Gewirth, 2009, p.169)。这个地位，在格沃斯看来就是人的尊严。

我们回过头来看这一尊严概念是否具备超越性，是不是人人平等有之、互相承认并可为人权奠基。第一，就平等有之而言，格沃斯的尊严奠基于人的行为的规范性结构。只要是人、有行为，也就是有目的性活动，他/她就有尊严。另外，每个人都有同样的尊严。因为尊严仅仅建立在最为基本的能动性，即人的目的性活动之上，而不是建立在特殊的、高级的能力之上。因此，所有 PPA 都是有尊严的。从主体内在慎思的角度讲，如果 PPA 认识到自己是有目的的行为者，他/她就必须认为自己是有尊严的存在者。如果 PPA 认为自己是没有尊严的存在者，他/她就会陷入自相矛盾。一个人在现实中可以认为自己不是 PPA，没有尊严，这本身没有什么自相矛盾的地方，但是他/她无法从实践性自我理解的角度认为自己是没有尊严的 PPA。因为 PPA 无非就是有目的的存在者，而有目的的存在者就是有尊严的存在者。因此，一个没有尊严的 PPA 就如同一个没有能动性的 PPA 一样是不可思议的。

第二，人们也互相承认彼此有尊严。这不仅仅意味着主体从自我慎思的角度认识到他/她必须把自己看作有尊严的，更意味着主体必须认同别人和他/她有一样的尊严。一个PPA，如果认识到是自己的目的性使得自己拥有尊严，那么当其注意到其他PPA也有目的性时，根据LPU，也必然认识到其他人和他/她有一样的尊严。若非如此，他/她将陷入自相矛盾，即认为拥有目的性既是又不是尊严的基础，这是不可思议的。因此，一个主体，只要有基本的归纳和推理能力，有最一般意义上的经验常识，就会认为尊严是应该人人等有的，自己应该认同他人的尊严，尊重他人作为一个有尊严的存在者。

第三，这个尊严可以为人权奠基。人权与尊严的关系林林总总。有人认为人权就是尊严，两个概念可以互换；有人认为人权是尊严的基础，有人权所以有尊严；也有人认为尊严是人权的基础，有尊严故有人权。此处仅讨论格沃斯的看法，即人权以尊严奠基，尊严则受到人权的普遍保护。当人权仅做道德解读时，我们可以认为人权的规范性来自尊严。恰恰是因为有尊严，所以PPA有基本自由和福利，这两者是实现任何目的的一般必要前提。从这里我们可以引申出最为基本的人权，即基本自由和福利权。另外在实践方面，人权是用来保障尊严得以被尊重和实现的重要手段。恰恰是因为人权的规范性奠基于尊严，所以人权也具备这种超越性地位。

也就是说，人权是人人都有且平等拥有的，应该得到所有人的敬重。这吻合我们在一般意义上对人权的理解，即把人权理解为人之为人而具有的普世权利。在该基础之上，我们再结合最为一般的经验知识，可以进一步将人权具体化。例如，言论自由权可以被看作基本自由权的一种具体衍生，基本的饮食权可以被看作福利权的衍生，等等。我们也可以对自由和福利做消极和积极权利理解。就消极权利而言，基本自由和福利不应该被侵害，这在人权层面可能意味着人的身体和言论自由不应该被剥夺等。而就积极权利而言，这意味着我们应该创造一种社会条件，使得人们能够在条件允许的情况下最大限度地实现自由和福利。下面笔者将对康德和格沃斯的尊严观进行比较，以便更系统地阐明格沃斯的尊严概念。

四、康德和格沃斯的尊严观的异同

在道德哲学界，康德的尊严观一直是最为重要的观念之一，原因有三：第一，康德提供了一个关于尊严的形而上学讨论，通过道德形而上学的努力为人的根本性内在价值找到了十分稳固的基础。他的工作使得人的根本价值不必依赖于基督教有关人神关系的阐释，使得人从中世纪的目的论中脱离出来，一种现代意义上的个体得以确立。这项工作可被称为人的再发明。第二，通过道德形而上学，康德的"有尊严的个体"观念在实践中极大地影响了现代生活的政治、道德和法律实践。联合国的《世界人权宣言》就直接将人的尊严当作一个奠基性的规范性词汇。举凡自称现代国家的国家的宪法，都在一定程度上包含对人的尊严的阐释和保护条目。第三，康德的尊严观早已融入日常话语，成为一种交往共识。人们时常谈论人是目的而不是工具，这实际上就是谈论人是有尊严的存在者。工具只有价格，目的才有尊严。可见，康德的尊严观仍然是影响我们生活的重要规范性资源。因此，我们必须追问究竟在什么意义上仍然需要格沃斯的尊严观，毕竟，格沃斯的讨论在相当程度上是一种康德式的讨论，所以有必要对康德和格沃斯的尊严观进行较为详细的比较。

首先，康德的尊严观建立在"人是自己的目的"这一论断基础之上(Kant, et al., 2011, p.87)。这一论断采用了先验分析法，最终奠基于康德有关自由的本体论分析。康德对人的自然属性不感兴趣，他从实践理性的结构出发，指出人所具备的实践理性本质上是一种目的性能力，即设定目标，形成事关目标的原则，进而去实现这一目标的能力。这种理性可一分为二：一是致力于实现具体的经验目的，这是工具理性；二是将道德本身作为目的，这是道德理性。任何为了实现经验目的所建立起来的原则都不可能是道德原则，因为经验目的的善性都以道德善为前提。比如一个杀手的冷静尤其恶，而他的慌张反倒是一件好事。一个人如果不追求任何经验目的，那么只剩下追求道德本身，追求所谓善良意志的自我实现。什么是善良意志呢？

前面已经介绍过，善良意志就是追求它所建立起来的原则既不会导致现实中的自我取消，也不会在意志中引起自相矛盾的一种意志，即那种可以被普遍化的意志，也就是道德本身。为了说明善良意志是可能的，即不是他律的，康德将人分为本体人和经验人。在本体界中，理性必须被理解为具备一种为自己立法的能力，这种能力在意志中的表现即自由。有了这种自由，人不再是他律的，不再仅仅是实现外在于其自身的目的的一种手段。尽管在作为经验人的那部分，他/她常常被当作工具使用，但人作为理性（自由）存在者，自己是自己的目的，因此是无价的，持有尊严（Kant, et al., 2011, p.97）。

康德的这一思路的最大问题仍然是他对人的本体论二分。在其道德形而上学工作中，康德实际上并没能说明人的道德存在是一种科学意义上的事实，就像人的确是靠肺呼吸的生物一样，人的道德存在实际上是一种形而上学建构：如果我们相信普世道德存在，我们就需要对人做此理解。这种形而上学努力在今天的道德实践中遇到了越来越多的挑战。当代生活方式基本的逻辑是被科学主宰，虽然科学认识本身可能预设特定的形而上学，但其一直在朝尽量割除形而上学的方向努力。在尊严问题上，也有必要探索这种去形而上学的哲学努力的可能，即是说，即使我们在非西方形而上学传统的文化里放弃"上帝""内在价值""善良意志""现象界-本体界"等词，我们也能找到一个有说服力的尊严观。

当然，现代社会预设了特定的人论（例如将人看成有权利的独立个体）和政府论（例如将政府看成一种必要的恶），这些基本立场都一度依赖形而上学建构，尤其是所谓西方启蒙哲学的努力。不过，一旦这种现代社会成为一种常态，就不必再依赖原来的形而上学。现代社会已经为我们提供了相当丰富的通用词汇，使用它们并不会在不同文化之间造成巨大的困惑。"科学"一词是通过日本翻译引介到中国来的，但今天使用它却不必追问它的形而上学历史。若要追问这一问题，必然要从古希腊的自然哲学开始，一直延伸到中世纪理性神学对自然与上帝关系的讨论。当我们谈论科学时，尽管在日常语言使用层面肤浅粗糙，但是就其交流功能来说，并不会导致深度误解。人们一般把物理而不是基督教当成科学，通常也不会把艺术看成科学。相似地，去寻找一个尽量割除形而上学的尊严观仍然有意义。这将更加方便人们在当代语境中认识尊严，并以此来规范我们的现代生活。

回头来看格沃斯的尊严观，它具备一种日常语言特征，即从最为一般的常识词汇开始，帮助人们理解为什么有必要将自己和别人都看成有尊严的存在者。格沃斯使用了"理性""目的""意图"等词，它们在当代生活中就是很常见的日常语言。只要人能够理解什么是工具理性，具备最为基本的理性归纳和推理能力，理解自己的行动是有企图的目的性行动，他/她就能够理解为什么必然要把自己和别人看成有尊严的存在者。虽然格沃斯道德哲学看起来十分繁复，但是它的基本思路非常简洁明白，不同文化背景和哲学传统的人都能理解。当然在一些假想的文化中，尊严可能变得不可思议。假设存在一种文化，该文化认为一切都是命定的，人的行动受到外在力量的支配，其行为本质上是木偶动作。如果这种文化仍然有某种特定的道德观，那么它一定与现代生活格格不入。它将无法将个体责任和权利当作社会组织的最基本概念，也必然无法围绕这一根基来构造制度。格沃斯的尊严观是否能在这样的文化中具备说服力是值得商榷的。

其次，康德的尊严观没有固定的经验性内容，这使得尊严变得非常空洞。即使我们接受了康德的尊严观，认同人是自己的目的，我们还是不能立刻知道尊严究竟意味着什么。空洞加之晦涩的形而上学语言，使得康德的尊严观在日常语言层面常常招致很多误解。"你不应该仅仅把人当作工具"常常被人理解为"人不是工具而是目的"。人显然不仅是有尊严的存在者，还是经验存在者，有自己的本能。就本能而言，我们知道满足物欲，但就尊严而言，我们应该做什么呢？当然，我们应该对尊严给予尊重，但是尊重究竟意味着什么呢？康德并没有给我们一个确定的答案。根据他的论述，我们可以做适当推论。认同别人有尊严就是认同别人是他们自己的目的，就是认同人是道德存在者而不仅仅是经验存在者。这意味着从第一人称视角出发，如果我们相信有绝对律令，那么每个人都应该把自己看成一个有形而上自由的人，看成一个能够自我立法进行自治的个体，而且我们也应该彼此尊重这种自治。这意味着我们应当去保障尊严不受侵犯，保障尊严的充分实现。

这也意味着可能导致人的自治能力被削弱的行为都应当被禁止，而那些能够发展人的自治能力的行为都值得鼓励。据此，结合具体的经验和情境，我们或许可以标识出具体的经验内容用来保障尊严。例如，我们可能认为基本的衣食和教育权对一个人的自治来说十分重要,因此保障它们就是保障尊严。但即使如此,对这些内容的标识也不总是具备确定性。教育对有些文化来说对自治影响不大,衣食对有些人来说甚至有辱尊严——有些人宁可不食嗟来之食。可见,康德的尊严观似乎不能给我们提供较为确定的经验性内容,这容易令尊严变得空洞。当然,康德的尊严观的主要贡献在于,它为人的内在价值找到了一个稳固的根基,对后来的人权发展的影响极大,但也恰恰是这种形而上学努力使得康德的尊严概念显得比较空洞。

相比之下,格沃斯的尊严概念直接规定基本自由和福利作为其经验内容。对格沃斯来讲,人有尊严是因为他/她有企图,人是一切行为(有目的的活动)的价值前提。任何一个PPA从理解自己的能动性角度来说,都必然要认同自己和他人都是有尊严的存在者。尊严建立在PPA对自己能动性的辩证自我理解之上,就是说"我"必须把自己理解为有尊严者,否则"我"相当于放弃将自己理解为一个PPA。那么,尊重和保障尊严就变成了尊重和保障能动性的问题。如何保障能动性呢?上面提到,能动性的最为基本的必要条件即基本自由和福利。任何一个PPA都必然要对基本自由和福利诉权,否则他/她的能动性就不可能得到保障和实现。

根据LPU,PPA也要认同其他PPA对基本自由和福利诉权。尊重和保障尊严就必然要求我们尊重和保障基本自由和福利权。这样一来,尊严就获得了很具体的内容,在实际执行中就减少了困扰。基本自由和福利是保障一切行为(包括那些放弃这些必要善的行为)的必要前提。即使在自杀和献祭行为中,虽然其结果会导致基本善的损失,但是因为行为本身是主体自觉自愿的决定,所以其基本善仍旧得到了充分尊重。格沃斯的尊严观有具体的内容这一特点在其后的人权研究中得到了充分体现。基本自由和福利被理解成了基本权利,对其的保障和充分发展成了消极和积极权利的讨论核心。笔者将在下章中对此进行详细讨论。

最后,康德的尊严观可以被理解为一种先天综合实践命题。康德认为,绝对律令作为道德法本身是可以从道德概念中分析出来的。所谓道德法,就是对意志有普遍有效规范性的东西,这就是绝对律令。但是人们在遵守绝对律令时，不仅了解了它的内容，而且认识到它对自己的意志有无条件的规定性，将对其无条件遵守看作一种动机去安排行动，即将对绝对律令的遵守当作一种行动理由，这显然就是综合判断了。而且这种综合判断必须是先天综合判断，因为按照康德的看法，任何沾染经验条件的判断都是有条件的，意志对其遵守必然也是有情境的，不可能像道德所要求的那样无条件地遵守。

例如"我"说：如果通过撒谎不能挣钱，"我"就不撒谎。意志与不撒谎这一行为是通过一种经验条件联系在一起的，一旦这种条件消失，意志与行为的特定联系就会消失。如果通过撒谎能挣钱，这个经验目的就必然要求"我"修正自己的行为准则，意志就会排斥不撒谎而偏好撒谎。相较之下，"我"说："我"不应该撒谎。如果这里的"应该"是一个道德应当，那么这句话在任何情况下都对意志产生无条件的规范性。这意味着：(i) 一个理性存在者应该在任何条件下都不撒谎；(ii) 他/她将不撒谎看成自己的义务；(iii) 纯粹出于对该义务的尊重，他/她将意欲不撒谎。从理性存在者和道德的概念出发，我们并不能分析地得出他/她必然无条件地遵守绝对律令对其意志的规定。因此，我们必须为绝对律令与意志之间的连接找到一个中介。

我们或许会认为理性存在者有一种道德直觉，这种直觉同我们能理解两点之间直线最短的那种直觉类似。我们之所以能被义务激发，完全是因为人人都有这种道德直觉，凭借这种直觉我们对绝对律令产生尊重，因这种尊重而遵守道德原则。虽然我们并没有很好的办法来证明这种道德直觉，但是从日常经验来看，人确实会有道德情感，也会从事道德行为，因此我们可以反推预设人有一种道德直觉。但道德直觉显然不能是一种道德情感，它应该是更加基础性的。我们不能通过简单地加入一个道德直觉来说明道德原则的先天综合性，我们需要证明为什么绝对律令对意志能产生激发力，以及究竟道德动机从何而来，也就是说为什么纯粹理性同时又是实践的。恰恰是这种动机激发力，是解释道德先天综合特征的关键。康德就此进行了有关自由的形而上学讨论。他认为人的本质是自由的，恰恰是这种自由性使得人能够在天理与人欲之间选择按照天理的要求行事。换句话说，我们都认识到了人是目的、是有尊严的，那为什么"我"的意志要去选择那些能够尊重和保障尊严的行动呢？康德认为这是因为我们从根本上是自由的。但是什么是自由则是无法说明的，它必须被悬设，以便当作道德法对意志产生绝对普遍有效规范性的根据。

相较之下，格沃斯的尊严观能提供一个更加清楚的解释。在格沃斯的语境下，我们可以把PGC改写为：PPA应该把自己和他人看成一样的有尊严者。或者，人人都有一样的尊严。在格沃斯看来，这个判断是一个康德意义上的先天综合实践判断吗？我们从能动性的概念中能够分析地得出主体应当（自我指涉的应当）对基本自由和福利诉权。当他/她认识到其他人也是PPA时，根据LPU，他/她必然也要认同其他人也有基本自由和福利。这一步显然涉及经验内容，即他人也是PPA这一判断，是一个经验性的归纳判断。但主体所遵守的形式逻辑规则是先天的。也就是说，如果他人是PPA这一判断没错，那么他人和"我"一样都有基本自由和福利权的推论就是一个有效推论，反之，则会在"我"的意志中产生自相矛盾。从他人是PPA能够分析地得出他人也有基本自由和福利权，进而是有尊严的。但是这并不能分析地说明"我"要认同他人的基本自由和福利，即不能给"我"提供一个尊重他人尊严的动机。这必须代入主体内在的辩证慎思才能进行说明。也就是说，如果人人都是PPA这一经验前提是真的，那么通过主体对能动性的辩证慎思，就能够得出主体应该尊重彼此的尊严。可见，从格沃斯的角度看，"人是有尊严的"是一个包含先天内容（形式逻辑的规则，以及例如因果性等先天诸范畴）和后天经验内容（他人是PPA，以及基本自由和福利是能动性的前提等判断）的判断。

具体而言，这个判断是如何给主体动机能力的呢？为什么我们要去主动将PGC同自己的意志联系起来，要求自己的意志按照人的尊严的要求去行事呢？格沃斯的思路是，根据主体内在的辩证慎思，每个PPA都必然认识到自己应该尊重别人的尊严。当PPA意识到并反思自己的能动性时，他/她注意到自己应当（自我指涉的应当）有基本自由和福利权，自己是一个有尊严的个体。他/她可以实际上排斥自己的能动性，但是必须理性地认识到即使是排斥能动性本身也预设了能动性的使用。因此，即使只有最为基本的工具理性，他/她也能知道应当将自己考虑为有尊严者。

但是这个动机并不是严格意义上自利的。尊严保障的是人最为基本的能动性，放弃尊严就意味着PPA放弃自己的能动性，不承认自己是主体，这必然会在意志中引起严重的自相矛盾。而自利往往指的是人为了满足自己的特定目的而去剥夺别人，而对尊严的诉求所要求的是PPA对满足任一目的都必然要预设的最为基本的自由和福利。对尊严的诉求并不是一种自利的诉求，而是一种必要的、无法理性逃避的诉求。

当PPA注意到别人也一样是PPA时，根据LPU，他/她也要认识到别人一样有尊严。虽然PPA认识到别人也是有尊严的，但是他/她出于什么理由将这种认识当作动机呢？我们当然可以在理性地认识到大家都有尊严的同时，在行动上拒不认同别人的尊严。我们必须在这种认识与行动之间寻找到一个恰当的中介。实际上，根据辩证必要性的推理办法，主体认识到别人的尊严本身就是一种行动，这种认识与对于牛顿运动定律的认识大为不同，后者仅仅明确了一种因果关系，而前者实际上认识到一种义务，即当"我"认识到人是有尊严者时，就等于将自己置于应当尊重和保障所有人的尊严这一义务之下。从PPA的第一人称视角的辩证慎思角度看，对尊严的认识就是将自己的意志置于某种义务之下的行动。格沃斯说明了：首先PPA必须把自己看成有尊严者，否则必然造成一种自相矛盾；其次PPA也应当按照尊重和保障别人的尊严的方式去行动，若非如此，他/她也必然排斥异己的尊严应该得到保障。可见，认识到尊严本身就是一种实践行动，是一种将自己置于尊重和保障每个人的尊严的义务之下的特定行动。

五、对格沃斯尊严观的反思

康德和格沃斯的尊严观都具备一个最为显著的特点，即认为尊严是人人共有等有的。康德认为有理性就有尊严，格沃斯认为有能动性就有尊严。尽管这两种尊严观有稳固的基础，但是随着国际人权实践的不断发展，它们不断遭到挑战。康德和格沃斯的尊严观有相当的排他性。一些没有理性或丧失了相当的能动性的人，例如植物人，严格来说就没有尊严了。如果我们拘泥于康德和格沃斯的讨论，那么甚至婴儿乃至一定阶段的儿童都不被考虑为有尊严者①。在现代人权实践中，我们注意到人们越来越试图将权利主体扩大，不仅包含儿童、动物，甚至可能包括未来世代（future generation）（Weiss，1990；Hiskes，2009）。另外，除了尊严主体过于排他，康德和格沃斯的尊严观也可能导致权利清单过度包容，这或许会导致权利通胀。恰恰是因为尊严是人人共有等有的，不依赖于任何个人努力和社会地位，围绕这种尊严所建立起来的权利体系常常无视人的付出，而仅仅因为人之为人就赋予其特定的权利，即人权。我们知道，在日常语言中，一位运动冠军的尊严要通过刻苦比赛来获得，一位教师的尊严要通过传道授业来获得，如果他们不能通过努力来扮演好自己的角色，他们就没有特定的荣耀和权利。

但是康德和格沃斯的尊严与个人自我完善的意志没有任何关系，它只是同最一般的意志能力联系在一起。道德沦丧、不思进取，甚至是反社会的人都是有尊严的存在者，因为他/她无论如何还是PPA，还有基本理性能力。无论他/她希望作恶还是为善，无论他/她实际上作了恶还是为了善，他/她的尊严都是不容置疑的。这样的尊严观造就的权利文化，可能会导致个体骄纵，破坏社群的凝聚力，进而损害现代民主生活的根基。

倪培民撰文针对这一问题进行了非常细致的讨论。在他看来，尊严的概念不仅仅要同一般意志能力联系起来，更要同特定的意志能力，即那种自我道德完善的意志联系在一起。这样一来，尊严要求人把人生看成一种实现过程，按照儒家四心的要求不断精进功夫。别人是不是有尊严取决于"我"是否将其看作有尊严者，即"我"是否能够按照四心的要求去修身。一个深度昏迷的人在儒家看来也是有尊严的，虽然他/她没有四心，但是"我"仍然应该按照四心的要求去尊重他/她。另外，既然尊严同自我完善联系起来了，就使得尊严可能变成了有条件的。如果一个人不按照四心的要求去做，主动选择堕落，他/她就完全有可能丧失尊严。倪培民通过这种儒家的尊严建构对康德式尊严进行了批评和反思。尊严是现代性生活的根基性词语，对尊严问题的讨论将持续引起学者的兴趣。

---

① 对康德和格沃斯的尊严观当然也可以进行重构，以此来使这一概念能够涵盖儿童甚至动物。

六、结论

在本章中,笔者介绍了格沃斯的尊严观。人的尊严是一个重要的哲学概念,它常常被当作人的根本性道德地位,用以为政治和法律意义上的权利进行辩护。格沃斯将人的尊严建立在人作为一个规范性存在者的基础之上。作为一个PPA,人必然会认识到自己是一切价值的源泉,因此必须将自己理解为具备内在价值和特殊道德地位的主体,即有尊严者。更进一步,这种实践性自我理解也必然要求PPA认识到所有PPA都有一样的根本性尊严。任何一个PPA都无法理性地、符合逻辑地拒斥将自己和他人理解为有尊严的存在者,反对这一点将使自己陷入自相矛盾。这意味着他/她应当体面地看待自己和他人,而当尊严受到侵害时,人人都有义务进行阻止。

实际上,格沃斯的尊严观和康德的尊严观有很多相似之处。两者都认为尊严人人共有等有,不由特定的努力和社会地位所决定。与康德不同的是,格沃斯并不将尊严建立在形而上学之上。在格沃斯的语境里,人有尊严是一个主体根据其主体内部的辩证慎思,不得不做出的一个判断。这个判断并不是一个事实判断。人有尊严与人靠肺呼吸是不一样的,人有尊严的意思是:如果"我"认为人没有尊严,就意味着"我"不将自己理解成有目的的存在者,这是不可思议的,因为接受它本身就预设了能动性的使用。"我"必然注意到,无论如何,最一般意义上的能动性是"我"之为"我"("我"之为PPA)的根据。这样一来,尊严就变成了人对自己的一种必要责任。在介绍清楚格沃斯的尊严观后,笔者将在尊严的基础上讨论格沃斯的权利论。

第十章 格沃斯的权利论

前章介绍了格沃斯的尊严观，格沃斯的尊严观与他的权利论是紧密关联的。笔者将在本章中深入介绍其权利论。虽然格沃斯的权利论将人权看作道德权，但他的努力在法学界也产生了广泛、深远的影响。格沃斯坚信有放之四海而皆准的普世权利，即人权。人权的基础恰恰就在于人人共有等有的人的尊严。格沃斯所论述的权利不是社会契约意义上的权利，它的规范性来源也不必借助特定社会制度的支持。这个权利当然也不是描述性的，即是对特定事实的承认，而是规范性的，即要求每个人都"应当"将自己理解为有权利的人。在格沃斯看来，任何一个PPA如果不把自己理解为有权者，就无法保障自己的基本善不被剥夺，这导致他/她在逻辑上拒斥将自己理解为PPA，最后必然陷入自相矛盾的境地。人权必须为所有PPA所认同，人人都有义务尊重并通过特定的社会制度安排来充分保障人权的实现。

一、背景

格沃斯的权利论是一种很特别的人权观。与以往崇尚政治权利（消极权利）的人权观不同，格沃斯试图捍卫一种兼顾经济权利（积极权利）的有机人权观。在出版《理性与道德》一书后，他又出版了《权利的社群》一书（Gewirth, 1996）。这本书算是对前书的进一步演绎。格沃斯亦先后发表了一些重要的文章来介绍他的人权观（Gewirth, 1980；Gewirth, 1981；Gewirth, 1982；Gewirth, 1984；Gewirth, 1985；Gewirth,

1986；Gewirth，2001）。扼要地说，格沃斯的逻辑无非是所有道德主体都是有尊严的主体，有尊严的主体有神圣不可侵犯的人权。继而，他细致地讨论了人权的基本性质、具体内容等细节。

格沃斯的权利论在国际学界产生了相当广泛的影响。其中，约瑟夫·拉兹（Raz，2010）、涛慕思·博格（Pogge，2007）、詹姆斯·尼克尔（Nickel and Reidy，2010）等都回应过格沃斯的人权观。斯坦福哲学百科全书"人权"词条专门撰写了 2.2 小节讨论格沃斯的人权基础论立场①。相较于他的道德哲学，国内对其人权观的介绍反倒多一些。格沃斯的《所有权利都是积极的吗？》（"Are All Rights Positive?"）一文早在 2004 年就已被翻译过来，并发表在《哲学动态》上（李剑，2004）。甘绍平在国内较早介绍了格沃斯的权利论（甘绍平，2013）。他在《人权伦理学》中专门介绍了格沃斯的作为一种根基性价值诉求的人权原则，将其放在了"以人权为基准的应用伦理学的运行机制"小节中。

虽然人权或权利作为一个名词在诸多文明中本不存在，但是权利观，即那种人有应得之对待方式的观念却贯穿人类历史。从最早的《汉穆拉比法典》，到基督教"十诫"、阿拉伯的《麦地那宪章》等，都试图保障人的基本自由和福利。但是这些规定中的权利还不能算是完全意义上的人权。首先，这些权利常依附于社会角色，是特殊的权利。其次，这些权利也不是人人都有的，不是普遍的。最后，这些权利即使是人人都有，也不一定是人人等而有之，即使是人人等而有之，也并非神圣不可侵犯的。而所谓人权，恰恰指的就是那种人之为人等而有之、不容侵犯的神圣的权利。这里所谓"神圣的"指的无非就是不容侵犯的。人权问题一直是西方哲学的核心议题之一。就权利的内容和本质而言，不同学者的观点不尽相同，学派林立。但无论差别几何，我们所讨论的人权观的确是一个现代观念。

从英国的《大宪章》（1215 年）、《权利法案》（1689 年），到法国的《人权与公民权宣言》（1789 年）以及美国宪法第一修正案（1791 年），一路看来，有关人的权利的探索始终意义深远。一大群学者，诸如弗朗西斯

---

① 参考斯坦福哲学百科全书"人权"词条：https://plato.stanford.edu/entries/rightshuman/

科·苏亚雷斯、雨果·格劳秀斯、萨缪尔·普芬道夫、约翰·洛克和康德等都对人权哲学建设做出过重要努力。当代人权的主要参照文本是《世界人权宣言》，以及联合国、欧洲委员会等国际组织所制定的许多人权文件和条约。《世界人权宣言》第一条明确说明："人人生而自由，在尊严和权利上一律平等。他们赋有理性和良心，并应以兄弟关系的精神相对待。"[①]

《世界人权宣言》的面世有三点值得一提。首先，就历史境遇而言，该宣言本身是对第二次世界大战所招致的人道主义灾难的重要反思。经历过战争创伤，各国都试图制定约束性文件来避免国家对个体权利的侵害。大量的人权社会学研究表明，侵犯人权的政府亦最具对外侵略性。侵犯人权的政府常常权力畸大，国内没有现成有效的制衡和监督机制来规范权力的使用，这类权力畸大的政府常常由魅力非凡领袖领导，因此，战争常系于一人之喜怒，成为荣誉之战。其次，独裁政府在意识形态和资源配置方面的高效动员力（常常以牺牲人权为代价）可能进一步构成战争的条件。最后，诸多战争与宗教和文化冲突相关，散居在各国的少数族裔群体在战争之初往往最先受到迫害。为了避免再次发生世界大战，各国注意到有必要建立一些红线机制来保障人权，人权情况是国家侵略性的晴雨表（Morsink，1999；Donnelly，2012）。

这种源于历史、面向现实的态度直接影响了《世界人权宣言》的起草和传播。就起草而言，《世界人权宣言》试图使不同国家的文化都得到呈现。其中"人人生而平等"的观点在一定程度上得到有基督教背景的学者的支持。可以说，宣言作为一种特殊的公共性活动，在西方基督教背景下总是具有神圣的意味。虽然宣言订立了俗世的规矩，但它的超越性威严和绝对的权威并不是来自俗世，而是来自一个绝对的上帝。虽然《世界人权宣言》的起草受到了基督教文明的影响，但是它本身并不是特定文化圈的产物，它在文本上努力避免陷入特殊文化主义。值得一提的是，中国的儒家思想在《世界人权宣言》的起草中曾发挥重要的作用。张彭春作为中国代表逐字逐句对《世界人权宣言》的文本进行了审阅，哲学家罗忠恕引用《孟子》

---

① 参见《世界人权宣言》：https://www.un.org/zh/about-us/universal-declaration-of-human-rights

来支持《世界人权宣言》（Glendon，2001；Krumbein，2015）。可见，《世界人权宣言》试图谋求最大程度上的文明共识。

然而，《世界人权宣言》作为一个重要的价值规约，本身并未试图诉诸具体的辩护。该宣言将全人类都重视的价值和一些最基本的人道主义原则都吸收进去，但究竟如何为其内容辩护则被悬置，不同文化/哲学传统可自由调动资源进行支持。阿拉伯世界可以诉诸《古兰经》，儒家可以诉诸《论语》来尝试论述《世界人权宣言》的普适性和绝对规范性。《世界人权宣言》可谓人类文明迄今为止最为明确的基本价值共识。

二、什么是人权

什么是人权呢？要讲清人权，我们必须弄清两方面的问题。一方面，我们要问什么是最一般意义上的权利，继而我们要问什么是人权。另一方面，我们必须理解人权是怎么得到辩护的。只有弄清人权是怎么得到辩护的，才能帮助我们充分理解人权的基础及其重要性。德沃金（Ronald Dworkin）和诺齐克（Robert Nozick）从正义论的角度来讨论权利。德沃金认为权利是一种超越（trump），指的是对功利性的一种优先（Dworkin，1984，p.153）。诺齐克认为权利是对善的追求的一种限制（Nozick，1974，p.29）。当然这些权利论指向的是权利的功能，尤其是权利在正义和善的生活中所扮演的角色。韦斯利·霍菲尔德（Wesley Hohfeld）专门讨论了权利的概念结构（见表10-1），赢得了广泛共识（Hohfeld，1913）。

表 10-1 权利的概念结构

法律相反 (jural opposites)	权利/无权 (rights/ no rights)	特权/义务 (privilege/ duty)	权力/无能 (power/ disability)	免责/责任 (immunity/ liability)
法律相关 (jural correlatives)	权利/义务 (rights/ duty)	特权/无权 (privilege/ no-rights)	权力/责任 (power/ liability)	免责/无能 (immunity/ disability)

当我们说 A 有 P 权（A has a right to P）的时候，可能有四种内涵。第一，A 有 P 权指的是 A 有获得 P 的特权。这意味着 A 有针对 P 的一切

自由，他/她没有不做 P 的任何责任，任何人也无权阻止 A 做 P。比如说，在家里唱歌可以被看作一种特权意义上的权利。"我"想唱就唱，只要"我"没有影响别人，就没有人能够要求"我"必须唱或者不唱。A 有特权 P 的反面是 A 有做 P 的义务。即如果"我"有义务去做 P，"我"就没有针对 P 的特权。一个歌手签了合同，有义务在某个晚会上唱歌，我们就不能说他/她有唱歌的特权了。第二，A 有 P 权也可以是仅仅表达 A 有针对 P 的权力。这意味着 A 有一种将别人置于一种权力关系中，使得别人有责任按照 A 的要求去行动的能力。例如警察有权要求超速司机缴罚款。与权力对应的是责任，相较于警察的权力，超速者有责任去缴罚款。第三，A 有 P 权也可能指的是 A 有免于特定义务的权利。比方说十八岁以下的男性不用服兵役，就可以被理解为十八岁以下的男性有权不被置于特定的义务之下。与这种免责权相对的是一种无能状态，即没有能力去免除特定的责任。第四，A 有 P 权可能意味着 A 有针对 P 的主张权利（claim rights）。这是将人置于某种特定的义务之下去满足 A 的主张。比方说一个人可以主张自己有人身自由权。这意味着这种主张将别人置于不随意拘役他/她的义务之下。因此，主张权利与他人的义务在概念上是关联的。

  人权是什么呢？人权一般指的是人之为人而有的一种权利。首先，人权是一种权利，不是责任和义务。其次，这个权利人人等有。显然，人权不是上面提到的一种权力（power），因为很多时候我们并没有特定的权力去要求别人尊重人权。人权也不是一种免责权。免责权的特点是它不必然关联特定的义务。一个奴隶主可能在使用奴隶上有免责权，如果没人能阻止他，他/她就继续使用奴隶。但是这种免责权并没有带来奴隶应该顺服主人这一义务。人权也不是特权。如果言论自由权仅仅是一种特权，这就意味着没人有义务去认同并尊重它。

  一个人可以放弃自己特定的自由权，但是人权严格来讲是不能被放弃的，每个人都必须认同自己的人权。当然，这并不意味着他/她必须充分行使自己的每一项权利，很多时候我们可以自愿地不去行使特定的权利。比方说"我"针对特定的问题选择沉默，但是这并不会损害"我"的言论自由，这恰恰是言论自由的表现。人权实际上是一种主张权利。这意味着人权总是与特定的义务联系在一起。有人有权,就有人有义务不去干涉这些权利。实际上人人都有特定的人权,人人也都有义务去尊重和保障人权。人权将每个人既当作权利主体也当作义务承担者。而且,这种权利在所谓的自然主义理论传统(naturalistic rights tradition)中常具备四个特点。

第一,人权作为自然权利,其规范性并非建立在特定的伦理共识或特定社会的法律规定基础之上,人权的规范性逻辑上在先,任何伦理共识和法律规定都应该以尊重人权为前提,任何损害人权的伦理共识和法律规定都是不合法的。第二,人权是超越制度的。所谓超越制度指的是人权并非特定社会制度所建构的。它仍然是逻辑上在先的,制度应该为保障人权而建立,人权是制度合法性的前提。第三,人权是超越历史情境的,其合法性是永恒的。人权在任何时代都应该被尊重与认可。尽管在现实中人权经常被侵害,人权清单也越来越长,但是基本人权,例如人身自由权、生命权等在任何时代都应该得到尊重与保障。第四,人权是普遍的。人权对所有人都是有效的,人仅仅作为其本身而言就具备人权,这个权利不是由他是特定国家的公民或某个社会组织的成员所决定的。扼要地说,这四个特点是大多数自然人权观所普遍认同的。

三、格里芬、罗尔斯与贝茨的人权观

人权理论流派众多,这里笔者无法做详尽的梳理,本章的主要目的是介绍格沃斯的人权观。笔者将挑出几位近年来在人权理论领域颇受关注的学者进行扼要的讨论,以此作为介绍格沃斯人权观的背景。作为一个法律概念,人权是特定共同体建立起来的,通过法律明文规定的一些基本权利。这些权利必须依赖特定的法律条文、立法和执法机构而存在。不同的法律系统可能有完全不同的法律观念,因此人权也不尽相同。作为一个政治概念的人权与之类似,是特定的政治制度的一种安排。人权一般来讲是用来防止国家侵犯私人基本利益和自由的一种制度安排。在这个人权概念中,国家总是处于非常特殊的地位。一方面,国家是人权的重要保护者和实践者;另一方面,国家也常是人权的侵害者。一个公民杀害另一个公民一般仅被当作孤立的刑事案件,而当国家任意剥夺公民的生命时才被认定

为侵害人权。

人权作为一种道德权,则是人人生而有之的、人之为人的根本道德地位。在持道德人权观的学者中,詹姆斯·格里芬（James Griffin）的工作引起了相当的关注。格里芬认为人权是一种道德权。人权作为一种工具是为了保障我们的规范能动性（normative agency）（Griffin, 2009, p. 45）。格里芬认为人与动物不同,人有对自己、对过去和未来产生观念的能力,继而可以筹划善的生活。这种特有的能力就是所谓的规范能动性。规范能动性是人之为人的根本特性,三种最为基本的价值构成了这一能动性,它们分别为自治、基本福利以及基本自由。所谓自治,指的是人能够自由地选择自己的人生,不为他人所完全左右。为保障这种自治的实现,一个人必须接受基本的教育。教育是帮助人形成人生规划、构造人生可能性的重要途径。因此,若没有教育,自治就无从谈起。格里芬的教育在此并非特指现代学校教育,而是更加一般意义上的培养。

教育成为可能的前提是有一定的制度和资源的配套。但若没有吃穿,没有基本的社会组织与动员,即没有基本福利,教育也无从谈起。最后一种价值是基本自由,它意味着每个人都应该有追求善的生活的自由。格里芬的规范能动性就包含这三种最为基本的价值。他认为人权就是保障规范能动性的工具。规范能动性显然是超越特定历史、制度和法律的。任何文明阶段、任何国家的人都有自治的需要,都会将自己置于时间中进行考量,都会将自己看作总结过去、朝向未来的存在。这意味着我们盘算、计划并且按照一个理想中的善的生活和完美自我行动。如果规范能动性是普适的,那么保障其实现的权利也因此是普适的,这就是人权的基础。

格里芬的理论影响较大,有很强的代表性。绝大部分人能根据直觉认同他的人权论证。但是这种论证方式仍然面临诸多挑战。一方面,我们要问为什么规范能动性是重要的。的确,直觉能够告诉我们它非常重要,但是直觉作为一个哲学论证的基础往往受到质疑。不同人的直觉可能不一样,即使一样,也可能出于完全不同的考虑。我们仍然要说清楚在什么意义上有理由将直觉作为最终的评判标准。另一方面,即使我们都认识到人人都有所谓的规范能动性,人人也都使用它,从这一事实判断中我们仍然不能立刻说明为什么它是值得追求的。所谓的"是与应当"推论鸿沟仍然困扰格里芬的理论。他并没能建立起一套有关规范能动性的价值论，说明这种特性有根本性价值，应该被无条件地保护。若未能充分讲清这一点，自治、基本福利和基本自由的价值基础就是可疑的。笔者将不再更细致地评价格里芬的理论，这里对他的理论的粗线条的批评在很大程度上适用于一些自然人权观。

与自然人权观相对的是政治人权观。罗尔斯（Rawls，2001）将人权看作一种社会协作的基本底线，在此基础上的协作才是正义的。他的人权清单包括一些保障最为基本的协作所必需的权利，例如财产权、宗教信仰自由等，但却并不包括《世界人权宣言》中的诸多权利，例如言论自由权（Rawls，2001，p.65）。在罗尔斯的框架里，人权最重要的实践功能不仅仅是保障人的一些基本自由和福利，更是成为国际干预的一个重要理由。人权是一个政权的边界，一旦人权受到政府侵害，其他国家就有人道主义援助，甚至在特定情况下进行所谓正义之战的重要义务。人权的规范性是从社会协作而来的，而协作有时候在特定地域和文化内进行，有时候则在国与国之间进行。一个自由社会（liberal society）所强调的言论自由和民主权利，一个体面社会（decent society）可能并不在意，后者可能更加重视经济福利权。在罗尔斯看来，只要财产权、生命权等能够得到充分保障，社会协作可以顺利进行，体面社会就仍然可以被接纳为平等的国际成员（Rawls，2001，pp.90-95）。

贝茨（Charles Beitz）延续罗尔斯的思路做了进一步的工作，在国际学界产生了很大影响。贝茨（Beitz，2011，p.101）认为，国际人权实践从来都不是按照所谓道德人权理论所描述的那样去运行的。实际上，也没有必要要求人权实践按照哲学家抽象的思考去运行。对人权的理解，应该从它的实践着手，通过对人权在国际关系中的诸多作用来考察它的演变。人权不是人脑中的抽象概念，人权实践不是由任何一个哲学家或政治家主导的，它是人类一项重要的政治社会实践，精研人权只能从实践着手（Beitz，2011，pp.101-103）。从这个立场出发，他认同罗尔斯等人将人权看作国际成员交往的底线的观点。人权是一个情境化的概念，它的具体内容并不像道德基础论主义者所说的那样是一成不变的，而是会随着国际政治生态变化不断演变。

按照道德基础论主义者的看法，人权作为一个普世的道德权利，必然是最为基础的，因此一般指向最为基本的消极权利。但《世界人权宣言》里的人权显然不太一样，其中包括了一大批经济福利权，例如工作权甚至是定期给薪休假权。这样的权利显然不符合道德基础论主义者的趣味。为什么它们可以是人权呢？这可能是因为第二次世界大战以后各国对现代性的生活内容有了普遍的认识，国家的现代化成为普遍追求，工作权等有利于建立起更加公平有效的国际经济合作体系，因此才构成人权。人权实践必然是一个动态演进的过程。贝茨通过对人权实践历史的梳理，提出了几条判断人权侵犯的标准：(i) 一些人所共知的人的基本利益是否受到侵害；(ii) 如果没有保障，那么国内政府是否可能有意或无意地侵害这些利益；(iii) 有没有可操作的国际干预方式以减少这些利益的损害 (Beitz, 2011, p. 111)。

显然，根据这些标准，有些权利虽然事关基本利益，但也不是人权。例如人都有被爱的权利。这显然事关我们特别重要的基本利益，但是一般给予或者损害爱的不是国家机构，另外也没有现成的国际干预方式来解决这个问题。因此，侵犯被爱的权利虽然满足 (i)，但不满足 (ii)(iii)，所以不算侵犯人权。有些权利有时候是人权，有时候不是，例如生命权。侵犯生命权满足 (i)，但是如果仅仅是人与人之间的仇杀，则不满足 (ii)(iii)，因此谈不上侵犯人权。但是当一个公民被国家机关肆意拘禁致死时，就造成了对人权的侵犯。另外，有些权利在当下还谈不上是人权，但是随着国际制度环境的变化，可能变成人权，例如呼吸新鲜空气的权利。这项权利显然事关重要基本利益，不同文化圈的人都能理智地认识到这一点。随着政府在现代国家产业结构布置和调整中权利的不断膨胀，空气污染在相当程度上可以归因于政府作为，与此同时，随着国际碳排放规则的不断制定和完善，我们也逐渐获得一些国际干预和调整手段。在这种情况下，呼吸新鲜空气的权利就可能成为一项有意义的人权。

最近几年，政治/实践人权观受到重视，使得道德人权观受到很大挑战。道德人权观总是给人一种极简主义 (minimalism) 印象，人权清单过于严苛，不能充分反映人权实践现实。但是这并不意味着政治/实践人权观就没有问题。实际上，人权实践与人权理论是两回事。人权理论可以从人权实践着手,一定程度上具备解释人权实践的理论能力,但是人权的规范性基础不需要建立在人权的政治实践之上。不能用人权实践的情况来挑选理论,而是应该用理论来评价和指导人权实践。政治/实践人权观的根本问题在于,它无法解释人权的超越性,即它无法解释对我们的意志产生绝对普遍有效的规范性的基础是什么。无论是罗尔斯还是贝茨,都没能解释那些所谓基本的重要利益为什么是必须得到保护的。

虽然不同文化能够在一些基本利益上达成共识,但是这种共识不应被作为规范性的基础,它可能仅仅是一种偶然的人类学事实。设想有这样一个小国,它有特定宗教习惯,歧视女性,从不侵略他国,对人类主流的价值保持冷漠的态度;它拒绝国际合作,保持低生产力的自给自足,也没签过《世界人权宣言》。这时候,我们是否可以认为它侵犯了人权呢?当然,这是一个极端的思想实验,也并不反映当下的人权实践。举这个例子无非是想说明人权的核心或许不是人权实践,而是解决人权的规范性来源问题。问题是我们能不能够提出一个既具极简特征,又能更好地解释和指导当下人权实践的道德人权理论。正是在这个意义上,讨论格沃斯的人权观才有特别的意义。格沃斯的努力旨在提出一个兼顾积极和消极权利的人权理论,用以解释和指导国际人权实践。

四、格沃斯的人权观

上文已经说明,所谓人权,就是人之为人天然具有的神圣不可侵犯的权利。所谓人之为人天然具有的,就是说与生俱来的,不是通过社会地位、个人修养、人格禀赋等而后天获得的,因此不是特权。另外,这种权利是神圣不可侵犯的。不可侵犯不是一个事实判断,不是说这个权利不可能在实践中被人侵犯,而是说其在任何情况下都不应当被侵犯。这样一来,我们可以把一些最为基本的人权理解为绝对的权利,即在任何文化圈,在任何制度下,在任何时间段都不应该被侵犯的那种权利。在人类文明实践中,对绝对权利的渴望是一种事实。绝对权利给人的利益和自由提供了绝对的保障,这就为人类的发展提供了一个奠基作用。因此,为绝对权利提供一个道德辩护就很有必要。格沃斯认为人有绝对权利,绝对权利来自人人共有等有的尊严。

前章笔者已经介绍了格沃斯的尊严观。在他看来,人的目的性行为本身就是一个评价性活动。人设定目的,就是评价特定对象,给它赋予积极的价值。因此,作为一切目的的设定者的人,作为价值赋予者,应该具备根本的价值,即尊严。这个尊严显然是绝对的,只要是 PPA,就都天然具备这个尊严。这个尊严是不容侵犯的,因为侵犯它就是侵犯人性,即侵犯 PPA 的目的性行为。但是,人的尊严在现实生活中常常被侵犯,为了能够充分保障人的尊严,我们需要一些工具,这就是人权。在格沃斯那里,最为基本的权利就是基本自由和福利权。这个基本自由和福利是人的目的性行为的一般必要条件。任何 PPA 都必须从自身的角度,辩证地认识到人人都应该对基本自由和福利诉权,因此要求自己按照自己和别人的基本自由和福利权所要求的那样去行动。若非如此,他/她就实际上陷入了自相矛盾,一方面认为自己是一个 PPA,另一方面又排斥自己是一个 PPA。前文针对基本自由和福利权的讨论已经足够细致,这里不再赘述。

在《理性与道德》一书中,格沃斯在推论 PGC 的同时实际上已经为绝对人权奠定了基础。根据 PGC,我们认为人有基本自由和福利权。但是,关于这些基本权利究竟是什么类型的权利、有什么内涵,需要进一步在理论和实践层面展开讨论。格沃斯在《权利的社群》一书中做了这些工作。所谓权利的社群,类似康德的目的王国。在康德道德哲学里,人是自己的目的,所有人组成了一个目的王国。这个王国是一个秩序的社群,其中每个人都不仅把自己当成目的,也把其他人当成目的,尊重所有人的尊严,按照绝对律令行动。

格沃斯的权利的社群指的是由有权利者组成的一个群体。在这个群体中,每个人都按照 PGC 所要求的那样行动,尊重彼此的尊严。这样一来,在这个权利的社群中,人人都有基本权利,人人都尊重基本权利。但是这还不够,仅仅是尊重基本权利的社群还不是一个互助团体,我们必须解释有一个社群的必要性。如果一个社群里人与人之间仅仅是不互相侵害自由和福利,那么这个社群仅是一个消极意义上的社群。它虽然保障了消极权利,但是没有提供人与人积极协作的规范,人在其中无法得到充分发展。对于一个权利社群,有必要进一步发展积极权利论。

格沃斯从此入手,首先试图讨论积极和消极权利二元论。以赛亚·伯林（Berlin，1969）提出的积极自由和消极自由之分对人权观产生了很大的影响。以英美为首的资本主义国家特别重视消极权利（例如言论自由权等）在人权宪章中的体现。而以苏联为首的社会主义国家则特别重视经济福利权，例如工作权等。格沃斯试图挑战这种积极权利和消极权利二元论，但对积极权利和消极权利的区分自身是有现实意义的。积极权利和消极权利这两种权利本质上不同。在现实中，后者强调人的一些自由和福利不应当被他人无辜剥夺。例如人的言论自由权，任何人都应有权自由地通过各种渠道表达看法而不被禁止。如果因言获罪，或进行残酷的言论审查，就剥夺了人们发言的机会，侵犯了人们的消极权利。而所谓的积极权利往往指的是需要社会和他人提供给当事人的一种自由和福利。比如工作权，只有在一个特定的人类社群中才谈得上工作权。在原始状态下，人谈不上工作，而只有一些基础性的生存活动。

格沃斯及其他不少学者反对这种二元论。因为在现实中，即使是消极权利的保障，也需要他人提供充分帮助。尤其是在一个高度分工的现代社会中，大量消极权利的保障都需要积极的帮助。在现代社会中，如果没有网络、电视等媒体的保障，言论自由根本就没法实现。即使是街头言论，如果没有立法和执法系统的保障，其自由也完全无法实现。而对经济福利权来说，如果没有对消极权利的保障更是无法设想。工作权实现的前提是身体自由，如果个人不能主导自己的身体自由，工作就蜕变成了奴役。可见，在现代社会的权利实践中，积极权利和消极权利互相依存。但是格沃斯认为这并不意味着对积极权利和消极权利的区分没有意义。相反，这种区分对于理解权利的结构和性质有重要现实意义。因为消极权利就其自身的实现来说，直接对他人造成了一个完美义务，即他人应该立刻停止对消极权利的剥夺。而积极权利所造成的义务并不是完美义务，帮助他人在很多情况下是出于自愿的人道主义支持，不完美义务并不对人们的意志产生绝对普遍有效的规范性。

格沃斯试图充分说明如何从消极权利过渡到积极权利。前文提到，格沃斯将权利建立在人的能动性之上。格沃斯把最基本的自由和福利理解为基本善，基本善是能动性的最一般的条件，在格沃斯的语境中，可将之理解为最基本的消极权利。在此基础上，格沃斯还提出了不可减少善和附加善的概念（non-substractive good and additive good）。所谓不可减少善，指的是那些虽然不是基本善，但是减少它将极大降低PPA的能动性的重要利益。例如，教育在现代社会中是一个重要的不可减少善。现代社会是一个高度分工协作的社会，各种知识门类细分。财富分配在很大程度上同技能和知识的拥有程度呈正相关。虽然未受教育的人也能活着，其基本自由和福利也能得到最低限度的保障，但是其将失去发展自我的机会。而附加善则是帮助个体实现更为高级的能动性的善。同基础教育相比，高等教育是附加善，用来充分实现自己的能动性。理解善的分类是理解格沃斯从消极权利到积极权利的过渡的重要切口。根据这种区分，格沃斯的思路可分为两个步骤。

Ⅰ：(i) PPA实现任何目的都需要对基本自由和福利诉权，这两者是实现任何目的的一般必要条件。

(ii) PPA总是希望自己能够更好地实现自己的诸多目的，包括一般和高级目的。

(iii) PPA将一般和高级目的的设定为自己的追求。也就是说，对PPA来说，善的生活就是要努力实现自己的一般和高级目的。PPA希望这种追求得到别人的认可和成就。

(iv) PPA认识到对一般和高级目的的追求是所有PPA的理性诉求。根据LPU，PPA认同所有的PPA都渴望自己的一般和高级目的能够得到认可和成就。

Ⅱ：(i) 只要具备基本的经验知识，PPA就知道在社会中只有通过协作，即他人的帮助和帮助他人才能充分避免自己的基本自由和福利受侵害。没有现代的立法、执法系统，PPA的基本自由和福利不可能得到充分保障。

(ii) PPA要实现一般和高级目的，自然欲求积极的合作。这意味着他/她渴望别人的帮助，并乐意帮助成就别人。

(iii) 综上，每个PPA都认同人对一般和高级目的的追求，认同能动性更高级的实现。进而，PPA支持对能动性的高级实现进行诉权，支持社会协作。

步骤Ⅰ(ii)指出任何理性的PPA都会追求能动性更高级的实现。人总是给自己设定更高、更多的目标,并以追求和实现它们为人生旨趣。这种追求可能反映在物质和精神追求的诸多方面。一个俗人将买车、买房、存一大笔钱作为人生目标而不断实现自我。一个托钵僧则可能选择将自己的钱财悉数捐出,把仅剩的袍子施予乞丐,走向荒野进行灵修。一位雄主,经历人生起伏,回归平淡,则可能选择过一种简朴的生活。所有这些选择本身是能动性更高级的实现。所谓高级实现,并不意味着一定有一个客观的标准来评判能动性的实现,而是说 PPA 根据内在自发的能动性冲动,对自己的目的进行排序并逐级追求它们的实现。

步骤 I (iii) (iv) 说明一个 PPA 必然希望自己追求能动性的进一步实现的诉求能够得到 PPAO 的认可和成就。这种希望并不是逻辑上必然的。一个不希望自己进一步实现能动性的 PPA 并没有陷入自相矛盾。但是一个理性的 PPA,既然发现自己是一个目的性存在,就总是希望自己实现多样丰富的目的。这里 PPA 所希望的仍然仅仅是能动性的进一步实现这个一般情况,而不是具体特定高级目的的实现。例如,PPA 想要一艘私人游艇,对于这个特定目的来讲,PPA 并不希望人们理解并认可他/她特定的追求,所需要认同的是其追求更好生活的一般诉求。也就是说,每一个 PPA 都彼此认同进一步实现能动性的追求,实际上这种追求活动也是一种人所特有的能动行为。因此,PPA 将对能动性的进一步实现进行诉权。一旦诉权,即意味着 PPA 从自身内在角度认为 PPAO 不应该去阻碍其能动性的进一步实现,反而应当助其实现。这个应当是一个自我指涉的应当。当 PPA 认识到所有 PPA 都因为同样的理由对能动性的进一步实现进行诉权时,他/她就认识到在 PPAO 有帮助他/她的义务的同时,其也被置于助人的义务之下。

步骤 II 提供了一个经验前提,即对社会情境的最基础的经验知识。我们知道,即使在一个相当原始的部族社会,人也不能独立存活,总是需要互相扶持。人作为社群型生物,只有在部族的支持下才能保障基本自由和福利,才能实现一般和高级能动性,在现代社会尤其如此。任何 PPA 都可以排斥社会,甚至反社会,但是他/她并不能理性地为此。反社会行为以报复社会为目的,报复的原因是在 PPA 看来社会并没有能够给予其必要的帮助和扶持,甚至伤害他/她的基本自由和福利。在这种情况下,

PPA原则上并不是反社会的,即生活在一个互助社群中,他/她实际上渴望社群而排斥的是群氓。

因此,一个PPA,通过内在的辩证慎思,必然渴望自己生活在社群之中。在此基础上,根据PGC,我们可以知道一个PPA认识到他/她应该按照自己和他人平等的普遍权利所要求的那样去行动,也就是说,PPA应该通过彼此扶助来增进附加善,以便充分实现彼此的能动性。笔者将这称为PGC的积极权利表述形式。现在的问题是,如果我们试图用PGC的积极权利表述形式来指导生活,那么我们需要进一步说清积极权利的边界是什么。只有知道积极权利的边界,我们才能确定积极权利的内容,这就自然要求我们进一步讨论权利与社群的关系问题。

针对权利与社群的关系,一种观点被格沃斯总结为权利与社群的敌对关系。权利强调自我利益的实现,防止他人侵犯自己的利益。他人往往被理解成侵犯者,而自己是自利者。相反,社群是一个和谐的群体,其中人人互相帮助,彼此爱护,有兄弟般的情谊。在这样一个社群中,权利话语不仅是多余的,而且同基本的社群价值相悖逆。比如儒家讲的理想社群,其中人人能够不独亲其亲,不独子其子,使老有所终,壮有所用,幼有所长,矜寡孤独废疾者,皆有所养。这个社群是通过儒家的亲亲、仁民的方式实现的,强调彼此的亏欠,重视义务。在儒家传统中,人的本质就是其角色,而角色必然是在社群中的角色(Ames, 2011)。所以,人从来都不是原子化的个体,而是社群人,这种思路有可能将权利与社群直接对立起来。

格沃斯试图说明权利与社群之间并不存在冲突,恰恰相反,权利与社群实际上可以互相支持(Gewirth, 1996, pp. 87-91)。一个有力的社群应当是一个有权利者的社群,而一个有权利者的权利只有在社群中才能得到充分巩固和发展。格沃斯的思路是,一个有益的权利概念实际上将自然演绎出一个社群的人际交往观,即互助、团结和平等的交往关系。在格沃斯看来,权利本身的社群朝向,本质上反映在交互性这一概念之上。所谓交互性,指的是每个个体都如照顾自己的权利那样去兼顾别人的权利。PPA之所以这样做,部分缘于对自身能动性的一般必要条件的理性认识,即PPA必须重视自己的能动性,继而重视自己的基本权利。从这个自利的角度出发，PPA 必然理性地认同所有 PPA 都会珍视自己的基本权利，同时，根据 LPU，所有 PPA 都认同他人的基本权利。

这种交互性与一般的平等性原则不同。人们可以拥有平等的权利，但这种权利可以不必有交互性。例如，人人都可有同等的呼吸权，但是空气作为一种天然充裕的资源，并不要求人们进行互动和交往。而交互性不同，交互性要求人们认同彼此的权利。如果他人的基本善被剥夺，那么他人应该努力弥补基本善，进而相互促进一般和高级善的实现。因此，交互性的权利必然会导致平等的权利，但反过来则并不成立（Gewirth，1996，p. 75）。可见，平等性原则并不一定指向社群，即不一定指向人与人之间特定的交往方式。只有对平等做积极理解，将其看作一种再分配的办法，它才变成一种平等的正义观，也才具有社群性质。

交互性与互惠原则也有根本不同。格沃斯对此做了非常细致的区分（Gewirth，1996，p. 76）。第一，互惠先后有序，A 给了 B 特定的善 X，使得 B 的善得到很大程度的增加。其后，A 期待 B 给予 A 特定的 X′ 作为回报，使得 A 的善得到增加。善的交往是为了互惠，之所以交往，是因为在现实中交往是互惠成为可能的重要手段。在资源高度稀缺的情况下，A 期待 B 能有效利用资源先发展起来，因为在 A 看来，B 具备先发展起来的稀缺素质。同时 A 期待当 B 发展起来后，创造更多的财富补偿和回报 A。亦可能是 X 在 A 手中边际效益很低，在 B 手中边际效益更高，而 X′ 的情况则恰恰相反。这样，X 与 X′ 的交换就能够促进 A、B 双方利益的增加。当然，两者的交换未必发生在两个个体之间，完全可以发生在个体与法人或者法人与法人之间。但是无论何种情况，互惠在时态上都有先后顺序。与之相对，交互性总是同时发生。当 A 认同 B 的权利的同时，B 也认同 A 的权利。因为权利的基础是一般能动性的前提条件，这对所有 PPA 来说都一样，因此在逻辑上毫无先后之分，亦没有时间上的先后。

第二，互惠原则所涵盖的主体并不是普遍的，它只包括互惠互动双方。也就是说，互惠原则仅仅涵盖转移善的主体，即善的给予者和接纳者。其他主体都不受到互惠原则的约束。这在公民权与人权的差别中可以得到清晰的例证。公民权一般来说是建立在彼此互惠的公民协约之上的。人们给政府缴税，作为享受特定公民权利的准入资格。支配公民权的是一种互惠原则，他国公民并不立即享有本国公民的权利，除非也达到特定的缴税期望。人权的范围则不同，它涵盖所有人。不管你是否是本国公民，你的基本人权都应当受到保障。支配人权的是一种交互性原则，它涵盖所有PPA。这是交互性与互惠原则的另一条重要的差别。

第三，交互性原则与互惠原则的基本模式不同。互惠原则总是假言的，在内容上也并不确定。一个互惠原则可以表述为"假如你给我X，那么我给你X′"。言下之意，假如你不给"我"X，那么"我"也不给你X′。可见这个原则对意志的规范是有条件的，并不是绝对普遍有效的（Gewirth，1996，p.77）。交互性原则PGC则是普遍有效的原则，是每个理性PPA所必须认同的。互惠原则的内容也是有条件的，它主要取决于主体对善的评价。如果A重视食物而B重视穿着，那么他们可以就此进行交换。主体对善的评价因人而异，差别很大。交互性原则则明确规定了基本自由和福利作为其质料内容，它们是最为一般的善。

至此，格沃斯指出了由交互性原则而衍生出的自爱（self-esteem）与自尊（self-respect）的区别（Gewirth，1996，pp.78-79）。所谓自爱，指的是一个人在不断设定目的、规划人生的过程中所产生的自我荣誉感。一个人越是目的明确，不断精进人生，他/她就越懂得自爱。自尊却不同，自尊的重心在于认识到人对他人的责任，即自己应该按照自己和他人一样的基本权利所要求的那样去行动。这种责任感令人注意到自己对社群的意义，这种意义帮助个体获得超越性维度，进而生活在人作为类存在者的境遇之中。正是这种特别的存在状态给予个体自尊感。格沃斯的交互性原则区别于互惠原则，这使得它与一般的自然主义和契约论者的主张有很大的区别。

综上，格沃斯试图说明人人都有尊严，所以人人都有基本人权。不管在哪个国家、哪个文化圈，任何一个PPA都应该认同人权作为一种根本的道德需要。这种权利的认同、保障和实现本身就有社群向度，指向交互。从这个层面讲，只要是人，就生活在一个人权的社群之中。这个全球社群是一个权利的共同体，人们认同彼此的基本权利，即使在没有特定互惠的必要的情况下，仍然能够保持彼此尊重和认同。更进一步，人们更加需要认同彼此的积极权利，在交互性的要求下建立起一整套高效的资源生产和分配办法，使得人们的积极权利能够逐渐得到保障、实现和提高。

五、麦金太尔的批评

显然，格沃斯认为有普适的基本人权。这个权利是超越历史、制度设计和具体文化情境的。人权的根本核心是道德权利，每个人根据理性都能认识到。格沃斯被麦金太尔称为人权哲学的集大成者。在他看来，如果一种普适人权观能成立，那么格沃斯的理论可能是最具说服力的。但是很不幸，麦金太尔认为即使是格沃斯也失败了。他针对格沃斯的批评深刻地反映了其历史主义人权立场，特别值得专门讨论。

麦金太尔对格沃斯的批评并非特别针对格沃斯的理性主义努力，而是从历史主义立场来审视启蒙时代以来的所有道德哲学努力。在他看来，无论是克尔凯郭尔、康德还是休谟的道德哲学讨论都从根本上失败了。而且他们失败的原因是一样的，即将道德问题完全去情境化，将之从历史赋予的目的论中抽离出来。麦金太尔认为启蒙前的时代的生活世界都预设了特定的目的论，这个目的论作为一个根本的形而上学来为道德提供基础。最具代表性的亚里士多德目的论包含三部分内容：一是粗糙的人性，即人没有受到任何教养的情况下的那种状态；二是有关理性伦理学或者神圣律法的原则概念；三是充分实现了自己的目的后的理想人性。虽然中世纪神学增加了具体的有关人与上帝关系的内容，但是这一基本目的论逻辑并未受到挑战。不过，"一个粗糙的人按照特定的原则来行动，进而完成特定的目的，进而达到自我实现"这样一种思路在启蒙后消失了。

这样一来，无论寻找什么特性来为道德奠基，激情或者理性等等都注定要失败。为什么呢？按照麦金太尔的说法，道德去目的论化必然使得我们面临"是与应当"的推论鸿沟。因为一旦遗忘目的（telos），那么从粗糙的人性（不管它具体是什么）中，我们无论如何都不能得出人应当是什么这样事关价值的判断（MacIntyre，2007，pp. 52-59）。例如，你指责一个孩子很淘气，这句话实际上预设了很多内容，比如你认为淘气是不好的、不淘气是值得追求的等，这都是价值判断。这类价值判断成立的前提是，如果不断追溯，那么可能要找到一个可依托的根本目的。比方说淘气是不对的，因为不利于人格发展，健康的人格应该拥抱社群，密切与他人协作，个体的终极价值在于他/她对人类的贡献，等等。

我们一旦将人从历史赋予的目的情境中抽离出来，把人变成无终极目的的个体，则一方面将其从某种具体压迫中解放了出来，另一方面却将其抛入了一种虚无之境。在麦金太尔看来，现代道德的全部努力就是填补启蒙以来抛弃目的论所导致的形而上学真空，为道德寻找另外可能的稳固的基础。在中世纪神学背景下，我们讨论人因上帝形象而具备的尊严，以及因这种尊严而具有的"应得"，上帝的存在为这一"应得"提供了保障。既然现代社会已经将世界祛魅，剩下来的就只有一个受到因果律支配的物体集。"权利"恰恰又是在这样一个祛魅的世界里被建构起来的、用来给规范性生活奠基的概念。可见，麦金太尔的理路说明不存在所谓自然的、自古有之的、脱离具体社会文化情境的权利。权利得以登堂入室的原因恰恰是历史性的，因为启蒙通过祛魅把传统的目的论都抛弃了，剩下的规范性真空需要用权利话语来填充。一言以蔽之，权利是人造的。

在这个宏大的批评框架之内，麦金太尔针对格沃斯的具体讨论也做了批评，这主要集中在两点。其一，麦金太尔认为，格沃斯从 PPA 认为基本自由和福利是其能动性的必要条件，并不能推论出 PPA 有基本自由和福利权。前者仅仅说明了主体对特定对象的必要欲求，而他人未必有义务去满足这种欲求。比方说一个人觉得自己必须享用美食才能快乐，但他/她并不能因此说自己有美食权。如果有此权，就意味着有人要承担提供美食的义务，这讲不通。说 PPA 必须欲求基本自由和福利，实际上只表达了 PPA 的一种评价，并不能因此给予他/她特定的权利。其二，即使有基本自由和福利权，这种权利也只在特定的社会制度下才有意义。

我们说《世界人权宣言》认同基本自由和福利权。其中，自由权特别受以英美为首的资本主义国家青睐，而福利权（经济福利权）则最早为以苏联为代表的社会主义国家所倡导。但《世界人权宣言》恰恰在现代国家的制度模式下才有意义，对一个没有现代国家观念的居民来说，他/她既不能把自己当作国家公民或世界公民，也无法将自己看成某个特定社会组织如宗教或文化团体的一员。这样一来，人权对他/她来说就是匪夷所思的。认为活在孤岛上的鲁滨孙有某种不可剥夺的神圣权利是可笑的。按照麦金太尔的话来说，人权与巫女乃至独角兽一样，虽然人人谈论它们，但它们从来都不是真的（MacIntyre，2007，p.68）。

麦金太尔对自然权利的批评异常猛烈，尤其是他把人权与巫女乃至独角兽并列令格沃斯十分不满。格沃斯针对其批评做了非常系统的回应。格沃斯认为，权利与巫女乃至独角兽的差别极大。首先，权利是一种规范性的存在物，巫女和独角兽显然不是。权利规范我们的行为，明确什么该做什么不该做，巫女和独角兽完全没有这种功能，它们至多是描述性的存在物。独角兽描述了一种长着角和翅膀的马，当然它的存在有特定文化背景，在这个背景下它可能有规范性的功能，但是其自身并不是规范性的。其次，人权相较于巫女和独角兽有经验相关物（empirical correlates）。当我们看到纳粹屠杀犹太人时，我们观察到两方面的经验事实：一是一些人剥夺了另外一些人的生命；二是这种剥夺令我们产生了不快感，也在大部分人心中激起了道德感，有些人甚至会公开谴责并阻止这种行为继续发展。这些都是经验可证的事实。正因如此，我们可以说纳粹的种族灭绝行径不是一个传说，而是真实发生的。对权利的侵犯总是在事实上带来对生命的剥夺、对人格的践踏、良心的自责等等。恰恰是考虑到这一现实处境，现代社会通过各种途径来保障人的权利。有关独角兽的神话却没有这些经验相关物。格沃斯认为，人权实际上是任何一个主体都无法理性拒斥的，对基本自由和福利权的尊重和保障，通过PPA的内在辩证慎思，必然对其意志产生绝对普遍有效的规范性。前面笔者已经详细介绍了格沃斯是如何论证普适人权的，这里不再赘言。下面笔者将集中评价麦金太尔的批评和格沃斯对麦金太尔的回应。

首先，针对格沃斯具体的推论，麦金太尔的批评似乎是建立在某种误读之上的。格沃斯的推论并不是"我认为基本自由和福利是行为的必要条件，因此我有基本自由和福利权"。他的推论首先是"我认为基本自由和福利是行为的必要条件，因此我必须考虑对基本自由和福利诉权"。显然，第一种有权在麦金太尔看来似乎是一种主张，这种主张同时给予他人尊重和保障这一权利的义务。这一推论如果是有效的，就意味着"我"主张什么别人就应该认可什么，这将别人置于承认并满足"我"的主张的义务之下。即使"我"所主张的是"我"行为的最为基本的条件，也不能立刻推论出"我"有针对基本条件的主张权利。

实际上，格沃斯只认可第二种推论，即如果"我"认识到基本自由和福利是一切行为的必要条件，那么"我"必须主张它。这种主张一方面表达了"我"对它的绝对需要，另一方面表达了"我"理智地希望他人不来侵犯"我"的基本自由和福利。能够充分表达这两层意思的凝练表述被格沃斯写作："我必须考虑对基本自由和福利诉权。"经过澄清，笔者认为麦金太尔对这一过程的推论应该是没有疑问的。"我"必须考虑自己有基本自由和福利权无非表达了主体内在的一种理性需要，并没有说明他人是不是有义务去尊重这种需要。在此基础上，格沃斯才做了进一步推论，即从"我必须考虑自己有基本自由和福利权"，能够推论出"我有基本自由和福利权。"这一步才是其推论的核心，也是麦金太尔所攻击的焦点。初看起来，这样的推论从第三人称视角看是不可能的。第一个判断并没有伴随他人特定的义务，仅仅表达了主体的需要，但是第二个判断则显然说明他人有义务去尊重主体的权利。这一推论在没有外加前提的情况下是无论如何都不能完成的。

格沃斯实际上的确引入了一个前提来进行论证。他在此引入了一个 ASA 方法（Gewirth，1980，p.110）。考虑到这一点常常被人忽视，在此笔者再次细致地澄清这一论证。格沃斯论证的最基本的方法特征是其所谓的辩证必要性方法，表达的是 PPA 从第一人称视角对特定问题的必要态度。格沃斯想说明的并不是"因为基本自由和福利是行为的必要条件，因此人们有基本自由和福利权"，而是从主体内在辩证慎思的角度说，主体必须把"我注意到基本自由和福利是行为的必要条件，因此我必须考虑对基本自由和福利诉权"当成"我有权"的充分理由。假定甲认为除一般能动性之外还有更加苛刻的附加条件 D，比方说需要特定的学历、社会地位、性别等等才构成甲有基本权利的充分条件，那么我们可以问他/她：如果你没有 D，那么你是否还认为自己有基本自由和福利权呢？这种权利将别人置于某种义务之下，即不能接受任何人剥夺自己的这种权利。

甲可以有两种回答：（i）还认为；（ii）不认为。

在情况（i）下，甲承认在不具备 D 时，他/她还是有基本自由和福利权。这显然与他/她的主张的前提相悖，因为一般能动性就是有权的充分条件。在情况（ii）下，甲认同能动性之外的 D 是主张自由和福利权的必要条件，没有 D 就没有权利，这意味着他/她允许别人任意侵犯、剥夺他/她的能动性，这与将自己看成 PPA 是自相矛盾的。这样看来，只要甲将自己当成 PPA，他/她就必然认为自己必须对基本自由和福利诉权是一个正当的推论，不再需要任何其他附加条件。通过 ASA 的方法，格沃斯试图说明对能动性的辩证思考，将使得 PPA 将自己的意志置于特定的法则之下（即"我"必须对基本自由和福利主张权利），并把这种绝对必要的主张当成自己有权的充分理由。这才是格沃斯所谓的甲"有基本自由和福利权"的意思。这种权利并不立刻意味着客观上甲有权，即并不意味着有一种外在于主体的独立的基础来肯定这种权利。因此，麦金太尔的从"我认为基本善是能动性的充分必要条件"并不能推论出"我有基本善权"的批评并不成立。在此他似乎预设了一种外在于主体的权利证明路径。

当然，麦金太尔的批评在特定的条件下仍然是有意义的。既然格沃斯一定程度上把权利建立在主体的一种态度之上，那么他在权利实践中必然会面临一些操作性的挑战，尤其是当基本自由和福利权本身的经验内容不确定的时候。假如有一个没落贵族，只有鱼子酱和松露汤才能使他/她快乐，一日不食心焦，三日不食气绝。根据格沃斯的逻辑，此贵族必须把鱼子酱和松露汤看成自己的基本自由和福利，并对其主张权利。在这种情况下，麦金太尔不禁要问：我们是否要认同这种主张呢？细致考察这一问题，我们可以注意到如下几种情况。

第一种情况是这个贵族一贯娇惯，不吃鱼子酱和松露汤会让他/她难受，但是并不会直接影响其生命和健康。这时候他/她对鱼子酱和松露汤的权利主张并不成立，因为从他/她自己的内在辩证慎思的角度看，他/她能认识到鱼子酱和松露汤不是其能动性的必要前提，根据工具理性原则，他/她可以对鱼子酱和松露汤主张偏好，但是无法主张权利，从能动性中我们分析不出来鱼子酱和松露汤作为手段对于生命和健康的必要性。当然我们实际上可以对一切东西主张权利，但是这种主张无法得到理性的辩护，而只有对基本善的诉权才是必需的。

第二种情况是这个贵族习惯于奢侈，以至于将鱼子酱和松露汤当成了必需品，认为不吃它们会有损其尊严，他/她宁死也要拒绝日常食物。在这种情况下，如果他/她因此绝食而死，其尊严实际上未受侵犯。因为绝食本身是他/她的一个特定的行动，他/她自愿地放弃了自己的基本善，而其之所以能这样做，恰恰是因为其基本善预先得到了尊重，若非如此，他/她就不可能按自己的心意行事。

第三种情况是这个贵族从小浸淫鱼子酱和松露汤，以至于他/她对日常食物均重度过敏，无法从日常食物中获得营养。这时候他/她就能从能动性中分析出鱼子酱和松露汤的绝对必要性，因此可以对其主张权利。这一主张将置他人于特定义务之下，一方面他人不应该剥夺鱼子酱和松露汤，另一方面如果有必要，这种需要还要被满足。这时候，鱼子酱和松露汤已经变成了必要的营养，该贵族处于一种特殊的脆弱状态，需要得到特别呵护。如果这一义务使得别人甚至需要牺牲自己的基本善才能实现，例如有人要牺牲生命才能获取珍贵的鱼子酱和松露汤，那么根据善的转移原则，他人对此并无绝对义务，是否为此全凭自愿。格沃斯的权利论经过细致说明，是可以较好地应对麦金太尔的挑战的。

真正关键的是，麦金太尔有关目的论的批评尤为深刻。这一批评虽然实际上不是专门针对格沃斯的人权观的，但是对格沃斯的人权观有着同样的批判性力量。麦金太尔的批评从根本上预设了一个前提，即一切权利都是建立在特定的目的论之上的，这个目的论构造了特定文明阶段的整个意义的基础，是伦理规范性的来源。权利的规范性是从这样的一个目的论中引申出来的。抛弃特定的目的论必然解构了规范性，权利也就不复存在了。为了充分解析并回应这一批评，我们必须廓清究竟什么意味着有权利。当我们说"权利存在"的时候，可能有如下几种含义：(i) 事实上存在明确的权利词汇；(ii) 事实上存在权利实践，即使没有明确的词汇；(iii) 我们有必要相信权利存在（权利存在是可辩护的信念）。

就 (i) 而言，世界上的很多文明都没有专门针对权利的词汇。虽然中国古汉语中有"权"也有"利"，但是放在一起使用，则要归功于日本对西文的翻译。"权利"一词早先被翻译为"群己权界"，更多地指向人与他人之间的边界问题。古汉语的"权"从木，最早指的是"秤"，指向衡量、权衡，引申为有特殊的能力，是为"权力"。但是古汉语中并没有等同于西方所谓"rights"的权利词汇。"权利"作为一个专门词有其基督教起源，经启蒙运动和法国大革命播扬于世界，至今已经成为现代国家的核心词。我们说权利存在,并非指的是权利作为一个词存在,否则,权利是不是存在就被转换成了一个词典学工作。严格遵照(i)的逻辑,我们可以说现代社会有权利,古代社会没有。

但似乎我们都有一个简单的直觉,即将权利存在还原成权利词汇是不妥当的。一方面,从事实上看,有些没有对应词汇的意义常常被实践。古汉语中没有"她"字,这个字的发明多半与鲁迅和刘半农有关,但是不能因此说我们在观念中没有有关词汇指代女性实践。没有权利词汇可能仅仅意味着没能将权利作为一个显要的概念,自觉地进行使用,并针对这一概念的内涵和外延进行讨论,但是这并不能说明权利作为一种"个体的应得"没有被别的词汇指代。儒家传统中"个体的应得"常常通过君王的义务来规定,孟子所谓"保民""养民""富民""教民"的君王责任直接同民众所应得的基本保障相关联。

因此,我们可以说权利存在并不意味着有权利词汇,而是意味着事实上有权利实践。当然既有权利实践又有权利词汇是理想状态,这使得权利实践变得更加自觉,但这两者并不互为必要条件。一个完全没有权利实践的文明也可以将权利作为一个音译词来指代异己存在。权利观念可能在人类文明早期阶段不自觉地被践行,这些权利实践甚至可以通过制度化的方式得到保障。譬如中国古人通过礼仪制度来规范人与人之间的应得与责任,礼仪在传统儒家社会中被当作一种类似于宪法的制度资源(儒家的礼法)。如果我们把权利存在仅仅理解为权利实践存在(ii)或权利制度存在(iii),着重考察在实际生活中应得的观念是否通过种种方式,尤其是制度化的方式协调并影响人的共存,权利问题就被还原为一个政治学问题。但是,有权利实践并不能说明权利本身是合法的。不同的人在不同地区的诉权活动五花八门,并非所有这些诉权都被认为是真实正当的诉权。古代某位乡绅可能认为迎娶偏房是自己的应得之权,但现代人权则只认一夫一妻权,不认一夫多妻权。可见,即使有权利实践也不能立刻说明有普遍有效的人权,而这一点才是麦金太尔和格沃斯讨论的焦点。

麦金太尔认为权力总是在特定的历史阶段、文化环境中存在,因为它所依托的根本形而上学条件,即那种特定目的论是不尽相同的。在他看来,启蒙是对人的再发明。人从基督教的形而上学背景中抽离出来后,被抛入了一个无目的的处境中，进而带来根本意义的危机。如果道德不是建立在上帝本性之上，如果人不再朝向救赎，那么我们存在的意义是什么呢？是非的标准又是什么呢？诸多哲学努力，诸如康德的纯粹理性，实际上就是为了填补取消上帝后的规范性真空。从麦金太尔的视角来观察儒家社会，会得到深刻的洞见。比方说儒家将人理解成潜在的君子，这就是一种粗糙的人性观，即把未经培养的人看成一种内嵌道德本能的特殊的存在者（杨谦，2004）。

食色是人性，四心也是人性。食色决定了人的生物意义，四心提示了人有一种超越的能力，即从食色的牵引当中走出来，通过修身、齐家、治国、平天下，走向一个道德完善的澄明境界，成为一个君子（张鹏伟，郭齐勇，2006）。什么是君子呢？虽然儒家没有用严格的定义去说明，但是我们知道君子肯定要具备系统的美德，这需要成功地扮演一系列角色、保持内在某种特殊的精神状态等，这些都能得到说明。所以，儒家坚持"潜在的君子—做道德努力的君子—成为圣人"这一目的论思路。儒家目的论的形而上学可以最终诉诸其别具一格的宇宙论。中国古人在这个宏大背景下理解应得，细致到婚丧嫁娶各方面的礼仪面面俱到。其中有些应得和义务与现代社会可能大为不同。

应得的主体也未必是个人，可能是一个家族。比方说"不孝有三，无后为大"，这句话所规定的就是一个所谓君子如何在家族血脉中自处的问题，他有义务确保香火不断，列祖列宗的"应得"也通过君子的义务得到实现。现代社会中的权利主体一般仅为个体，无论男女，都特别强调个体的应得。这一切差别都是由儒家特定的目的论系统所决定的。根据麦金太尔的思路，我们可以推论，如果我们放弃了特定目的论的背景，特定应得的观念就无从谈起，正如没有基督教就没有"人人在神面前平等"的应得，没有儒家传统也不会有"延续香火"的应得。

格沃斯对麦金太尔的批评进行了猛烈的批评，他认为麦金太尔在规范性问题上出现了本末倒置。麦金太尔将特定的目的论当成了规范性基础，权利奠基于斯。的确，有些具体的权利只有在特定的目的论背景下才有意义，但是最为基本的权利在规范性上则是逻辑在先的，这些权利将被用来裁决特定的目的论是否正当。我们不能说纳粹所提出的"雅利安人的超越"理想是一个恰当的目的论,其对犹太民族所造成的灾难是惨绝人寰的。我们必须说明普适权利的规范性在先是如何可能的,否则道德问题也必然陷入相对主义泥潭。若对错问题都难以评判,则一切曾经发生的恶都不再是恶,都可以被还原成阶段性的善。正是在这个意义上,我们需要考察"权利是值得辩护的信念"这一思路。

在讨论格沃斯的尊严观的章节中,笔者已经介绍了康德将人对绝对律令的遵守,即将"人是有道德性的"这一命题看成先天综合实践命题的思路。这可以被看作一种对权利信念的辩护尝试。依循康德的逻辑,我们可以做如下推论:

(a) 人是动物,这意味着人能出于本能行动。

(b) 人却能按照道德要求行动,这意味着人能纯粹出于对义务的尊重行动,当本能与义务冲突时,人对义务的尊重将成为压倒性理由,道德法以律令的形式呈现。

(c) 如果(b)要成为可能,那么我们必须预设人有一种超验自由的可能,这是连接人作为一种经验存在者和他/她能够按照义务的要求去行动的重要依据,即人有道德性这一先天综合实践判断的基础。

(d) 因为(c),人有尊严。

可见,在康德那里,人有道德性与人有尊严是一回事。在此,人的权利作为一种道德权,是可以得到理性辩护的。如果我们相信有道德,有对人的意志有绝对普遍有效规范性的那些原则,我们就可以接受具有普适性的人权概念。格沃斯则提供了另外一个重要的思路,笔者认为在格沃斯这里,可以将"人有权利"当作一个在实践意义上可辩护的信念来理解。格沃斯的思路无非是每个PPA都必然要坚信自己和别人一样有基本自由和福利权。也就是说,普适权利是不是事实上存在,并不是问题的关键,关键是我们必须相信并为这一权利概念辩护。

人类社会有很多创造物,其中我们可以把观念物与一般物体做基本区分。我们所理解的物体往往具备一些基本的性质,例如占据空间(有广延)、有重量等等。对一朵花,我们可以从形状、重量、味道、颜色等等角度进行描述,这些描述最终作用于我们的感官。当然,观念和经验在认识中总是互相纠缠的,观察背后可能也预设了非经验的观念成分,只有将物体理解为一个祛魅的、受到自然法绝对支配的、具备一系列性质的实体，花才变成科学上可描述的。观念与经验物不同，观念自身并不占据空间，也不能直接作用于我们的感官。如果单靠诉诸基本感官来判断观念是否存在，那么形式逻辑，甚至爱情、友谊、道德可能都不存在。

在现实生活中，无论如何我们都不能听闻这些观念，我们能够经验的是在这种观念支配下的种种心理状态和外在行为。虽然形式逻辑规则并不能够通过经验去确证，但是我们并不会因此认为它不存在。如果形式逻辑不存在，演绎就不可能，这是无论如何我们都无法接受的。类似地，如果普适权利不存在，绝对的善恶也就不可能。一旦善恶辖于时空，我们就丧失了评价时空的可能，道德问题就可能蜕化成治理问题，只有恰当与否，没有对错之分。因此，取消人权可能就会取消历史，因为我们无法再用善恶这样的词在评价过去的过程中理解当下，并规划未来。

例如，种姓制度将人按照尊贵程度分为婆罗门（僧侣）、刹帝利（武士）、吠舍（农牧民及工商业者）和首陀罗（杂工、仆役或奴隶）。这项安排只有在印度教的神学目的论基础上才成为可能。今天，稍有文化常识的人都知道种姓制度在特定年代、特定区域有利于保持稳定、维持秩序、促进和谐，作为一项政策它曾是合时宜的。今天回过头去看，是否要将政策的合时宜性当作道德上的对呢？如果合时宜的就是对的，那么为了特定的公共福利，在当下牺牲基本人权又有什么不可以呢？即使我们当下坚持基本人权，未来时空发生变化，我们又有什么理由要求继续坚持呢？这样，历史在道德意义上就没有方向，没有发展，没有进步或退步可言，而只剩下行政效率问题。如果我们不能接受这一点，仍然认同和坚持道德是超越时空的，我们就有一个最初的理由去寻找人权。从这个理由出发，格沃斯从能动性中通过辩证必要性的方法说明了人权的可能，即基本自由和福利是人人共有等有的。

我们把格沃斯的人权观看成可辩护的信念，回过头来看麦金太尔的批评是否还适用于格沃斯的讨论。格沃斯并没有预设一个特定的目的论，也没有将人放在某一目的论中进行思考，将人看成从粗糙到完善的发展过程。这样一来，他的推论似乎必然会面临事实与价值鸿沟的挑战。抛弃目的论就是抛弃价值基础，即抛弃"我在理想情况下应当成为怎样的我"这一条件。一个人在儒家的理想状态下应该成为君子，正是因为要成为君子，所以"我"特定的义务和应得才成为可能。如果没有这个目的，那么仅余当下的自我能有什么规范性呢？它无非是一系列事实的集合。格沃斯的思路是，不管你要实现什么目的，无论是儒家的君子还是基督教的圣人，都需要保障基本的能动性，这是一切具体目的性行为的必要而非充分条件。

虽然格沃斯并不采纳任何具体的目的论背景，但是他承认人是一种有目的的存在者（PPA），理性人根据自己的这一特性，都能认识到基本权利的必要性。当然，我们可以针对格沃斯的理论做一个目的论建构，格沃斯可以说认同一种粗糙的人性观，即将人理解成有最基本的能动能力的个体，他/她可以通过自我的完全实现，成为一个高功能 PPA，即能够充分、自由地实现自己的任何目的，无论善恶。从个体角度讲，自我充分完成的状态就是成为一个全能者，达到一个所谓心想事成的状态。主体认识到如果每个人都持这样一个目的，那么每个人都必然主张基本自由和福利权。而且主体要认同他人的诉权，因为其诉权的理由与自己的完全一样，不认同他人的诉权必然导致否认自己的诉权。

问题是，为什么成为一个高功能 PPA 是值得追求的呢？或者说，为什么我们认为一个人的能动性越强越好，最差也应该有基本的能动性呢？为什么我们把能动性的实现看得如此重要？虽然能动性的重要性是我们的常识，但我们仍然需要进行彻底反思。我们知道，没有 PPA 也就没有行为，没有行为也就没有责任，那么现代的法律、道德和伦理都将不可理喻。如果我们相信人的生活是一种规范性的活动，有真假对错之分，那么谈论主体才是有意义的。格沃斯仅仅给出了道德原则的规范性在 PGC 推论中的来源，并没有就我们习以为常的生活世界的根本规范性特点给出说明。脱离这一条件，他的推论或许就会面临根本的挑战。

假设有这样一个特殊的文明，这个文明拥有以下信念：（a）神造人；（b）人的生活就像种子发育一样，是其内在潜能的不断实现；（c）生活的意义在于活在当下，因为这是神所喜悦的。在这个文明中，每个个体都不将自己看成 PPA，因为生活本就没有规范性可言。人们不需要区别认识上的对错以及道德上的善恶，人们彼此不会问特定行为的动机，不需要给任何行为提供理由。某个人杀了人，人们会因恐惧躲开他/她，或者会拘禁他/她，但并不在道义上谴责他/她。杀人不是谋杀，而仅仅是一种天性的表达，好生也不是美德，而无非是另一种本能，这种复杂的本能奠基于神高深莫测的智慧。好在这群人天性并不嗜杀，性格大都温顺，喜好群居。在这个文明里，人的每一个"行动"都被理解成由神所支配，每个人都对自己的行动有所意识，也有能力对相同的问题做出不同的选择。但他们坚信，每种意志——即使是违抗神的意志本身——都是神预先设定的。我们先不去考虑这样的一个文明在现实中是否可能，起码在观念上，这样一个文明并不是无法被设想的。问题是，在这个文明中，有普适的权利吗？

这些人都有基本的理性能力，即格沃斯所言的基本推理和归纳的能力，他们可以凭借这种能力在自然环境中生存下来，他们生命的意义不需要建立在自我实现之上，而是仅仅按照神的计划来展开生活。可以说，这些人所有的活动都不是"我"的行为，而是注定要发生的。这就好像《阿甘正传》中的一句台词："人生就像一盒巧克力。"不过，这是一盒经过特别安排的巧克力，其中每一种口味和摆放顺序都是神安排好的。虽然知道口味和摆放顺序都是被安排好的，知道自己喜欢什么口味也是被安排好的（通过基因和教养等来安排），包括撕开每一颗巧克力的反应也是被安排好的，但这里的人仍然一颗一颗地撕开并品尝它，这就是生活。这样一来，这些人由于无法把自己的活动设想为主体行为，而不可能进一步从能动性概念中分析出权利的必要性。他们必然拒斥权利的概念，认为这一哲学观念匪夷所思。当然，这样的社群完全是想象中的，它与我们当下的生活现实差别很大。如果要在现实中驳斥格沃斯的权利观，那么我们还需要论述这种想象中的社群在现实中也是可能的，甚至是值得追求的，这将是极为困难的。

六、结论

本章笔者对格沃斯的权利论进行了深入的讨论。格沃斯是一个权利基础论者，认为存在一些绝对的权利，即所谓人权。人权的基础是人的尊严。格沃斯认为，人权是一个可辩护的信念。如果我们把人生看成规范性的生活，看成有目的的人生，我们就必须认同自己和他人都有基本权利。人权不是虚无缥缈的，并非如麦金太尔所言是巫女和独角兽，人权的存在一方面有经验相关物可以说明，另一方面在人的意志中可以找到绝对的必要性。如果我们不相信有人权，那么人类历史上一切的罪恶都可能被还原成阶段性的善，道德词汇蜕化成了政策词汇，适当与否取代了对错问题，这是我们无法接受的。在格沃斯看来，人权本质上是一种道德权利，超越时空的限制。

人权包含消极和积极的维度。但是格沃斯拒绝将这两个维度看成完全没有联系的。在现实生活中，消极权利的保障也需要特定的制度建设和保证，而没有消极权利的积极权利则根本无从谈起。通过对必要善、不可减少善以及附加善概念的引入，他对 PGC 推论做了进一步的积极演绎，将其放入社会群体情境中进行考察，进而推论出任何一个 PPA 都欲求积极权利，并认同自己和他人等有对积极权利的追求权。进而，他提出与互惠、平等原则有所区分的交互性原则。根据这个交互性原则，权利本身就有社群的指向，不存在权利与社群之间的敌对张力。一个社群必然是一个有权利者的社群，而一个有权利者必然会认识到自己对他人的义务。

第十一章　格沃斯道德哲学的未来

前几章笔者已经对格沃斯道德哲学的理路和应用做了比较细致的介绍。在本章中，笔者将首先对这些讨论做一个扼要的回顾与总结，在此基础上进一步对格沃斯的努力做适当评述。总体来看，格沃斯的工作无非是在回答一个问题：有没有一条至高无上的道德原则？这条原则，作为道德原则是放之四海而皆准的，对人的意志有绝对普遍有效的规范性。格沃斯认为有这样一条原则，这就是所谓的普遍一致性原则，简称PGC。PGC是一条可认识的、可辩护的原则，而不是独断的命令。我们不能简单地把上帝的话、意志的形而上学自由、一般常识性原则例如"人人应当互相尊重"或者黄金法则"己所不欲，勿施于人"当成道德原则，因为它们的规范性来源都没有得到充分说明（Gewirth，1978）。

人们总会问：为什么上帝的话具有权威性？上帝是不是存在？不同文明中的上帝诫命不尽相同，我们应该信服哪一个？什么是意志的形而上学自由？作为一种形而上学假设，我们既然对这种自由不能产生任何确凿的知识，为什么不干脆彻底放弃它呢？为什么我们要互相尊重？仅仅渴望别人的尊重而不必真正尊重别人不是更好吗？为什么要遵守黄金法则？一个不愿意坐牢的法官有什么道理让一个罪犯坐牢呢？对这些问题的回答，迫使我们进一步阐发道德原则的规范性基础。可见，如果有道德最高原则，那么对其绝对普遍有效性的说明必然是最为核心的工作。

格沃斯创造性地为PGC找到了一个基础，即PPA对自己的实践性自我理解。这一工作极具原创性。虽然过往很多哲学家注意到了道德原则与行为之间的密切关系，但是格沃斯将这些直觉进一步充分理论化和系统化了。格沃斯无非想说：(i) 我们可以把自己看成/不看成 PPA。(ii) 如果我们把自己看成 PPA，那么我们必然会遵守 PGC。(iii) 如果我们是理性的，那么我们将不得不把自己看成 PPA，因为拒绝将自己看成 PPA 本身也是一种特定行为，已经实践了能动性。因此，没有人能理性地（合乎逻辑地）宣称自己不是 PPA，就像一个人不能合乎逻辑地大声宣称"我是一个哑巴"。(iv) 综上，一个即使只具备最为粗糙的理性的人也必然将自己理解为受 PGC 约束的 PPA。当然，格沃斯的工作远非完美的。世界上恐怕不存在完美的、穷极一切真理的理论。任何理论都有它的局限，也恰恰是这些局限，使得理论成为理论，而不是看似有理实则虚妄的空话。下面笔者将扼要地反思格沃斯的哲学讨论，这些反思性批评不应被看成对格沃斯工作的苛求，而应被看成进一步澄清和发展其理论的重建性工作。

一、格沃斯将道德不当还原成了逻辑

看完前面的章节，很多读者可能感到 PGC 推论是高度理性化的。这里的理性主要指两种能力，即最为基本的形式和非形式的推理能力。更具体一点说，PGC 推论要求一个人起码掌握逻辑的不矛盾律，掌握要实现特定目的 E 必然欲求实现 E 的手段的工具理性推理能力，并知道在现实中什么是实现 E 的手段。其中，前者为 PGC 对意志的形式化要求提供保证，后者则为 PGC 的质料内容提供基础。就格沃斯的推论而言，它严格的逻辑结构和高度细致的论证过程，常常使人觉得他有一种将道德问题还原为逻辑问题的不当还原倾向，这在前面的章节中也有过介绍，但仍值得进一步讨论。在日常生活实践中，这种还原常常导致荒唐的结论。笔者将引用一个真话悖论的例子来说明这一点。

在一起重大刑事案件中，法官询问犯罪嫌疑人 A 和 B。

A：人不是我杀的。

B：我们两个人中只有一个人说真话。

法官根据两人的口供，将 A 定罪。因为，如果 B 说真话，那么 A 一定说假话，A 有罪。如果 B 说假话，即有两种可能：一是 A 与 B 都说真

话，二是 A 与 B 都说假话。A 与 B 都说真话意味着 B 的陈述为真。如果 B 的陈述为真，A 与 B 就不可能都说真话，这导致自相矛盾，因此 A 与 B 都说真话不可能。因此 A 与 B 都说假话，这意味着对 A 来说，"人不是我杀的"这一陈述是假的，对 B 来说则有两种可能，一是"我们两个人中没有一个说真话"，二是"我们两个人都说真话"。第二种可能同 A 与 B 都说假话矛盾，故排除。据此可知，对 B 来说，"我们两个人中没有一个说真话"这一陈述为真，对 A 来说，"人不是我杀的"这一陈述为假，因此 A 有罪。可见，无论 B 说真话还是假话，都是 A 有罪。但是这个判决结果显然是荒唐的。A 究竟有没有罪需要考察他/她有没有实际上从事犯罪活动。这包括他/她是否有犯罪动机，是否有实施犯罪的行动，等等。这些都需要对事实进行认定，光靠形式推理并不能解决问题。

格沃斯的 PGC 推论是否存在类似的不当逻辑还原呢？具体而言，我们可以问：PGC 推论有没有将道德判断也还原为逻辑判断，进而用逻辑来裁量道德呢？不得不说，格沃斯的 PGC 推论过程的确有这样一种嫌疑，笔者在前面的章节已做了扼要的介绍，这里笔者将进一步回顾这种担忧。具体而言，我们要考察两种情况：一种情况是认为道德判断与事实判断不同，它实际上可以还原为逻辑判断，道德就是逻辑。另一种情况是认为虽然道德事关逻辑，但是道德不是逻辑。第一种情况是难以被接受的。很显然，当罪犯杀人的时候，我们通常并不认为他/她犯了一个逻辑错误。而当一个人犯了逻辑错误的时候，我们也通常并不觉得他/她一定做了道德上错误的事情。

在大家耳熟能详的自相矛盾的例子中，商人宣称拥有无所不穿的矛和无所不挡的盾，显然这是逻辑上不可能的。其成立的条件是世界上存在着可以阻挡的穿透一切的东西。穿透一切即意味着无所阻挡，不存在被阻挡的穿透一切。但是这种叫卖本身并不构成道德嫌疑，真正的道德嫌疑在于他的夸大与撒谎。这一谎言可以通过逻辑来甄别，但是它的道德错误本身并非来自逻辑错误。我们之所以知道商人在撒谎，是因为他说不存在的事情存在、不可能的状态可能。但是他的道德错误完全独立于此。倘若这个商人并不想欺骗任何人，他仅仅是因为缺乏逻辑训练而做出以上陈述，那么我们至多嘲笑他的愚蠢，而不必侮其失德。可见，是撒谎而非逻辑上的自相矛盾导致其道德上的过错，逻辑却可以被用来判定（而非决定）道德上的对错。

实际上，逻辑在康德和格沃斯的道德哲学中所扮演的，正是这种判定而非决定的角色。无论是康德还是格沃斯，都认为道德判断必然是有认知意味的，不能仅仅是情绪和态度的表达。在康德道德哲学中，逻辑在两个层面上被用来判定道德行为。一是在工具理性意义层面，如果"我"意图实现 E，那么"我"不能同时欲求导致 E 失败的手段。对于这一点，康德通过借钱不还的例子来说明。二是在内在意义层面，一个理性存在者不能既珍视又敌视自己自由理性意愿的能力。这一点康德通过自我荒废的例子来说明。在康德那里，不道德原则不一定会引起意志的自相矛盾，但引起自相矛盾的原则断然不能被当作道德原则。

在格沃斯那里，一个不道德原则会导致一个主体将自己实践性地理解为 PPA 的同时，又拒绝将自己看成 PPA，这是不可思议的，而对 PGC 的遵守则完全不会引起这样的矛盾。也就是说，一个人可以完成这样一种自我建构，不引起任何理性原则的排斥，这一自我因此可以得到说明、辩护和支持。将这样的自我普遍化，并不会导致人与人之间的冲突和敌视，反而会促进人与人之间的尊重和协作。如果我们坚持道德认知主义的立场，认为道德判断可以说明、可以得到理性辩护，那么我们所依赖的资源恐怕只能是理性（逻辑）本身，因为它是任何说明、辩护所依赖的形式性规则，是一切规范性活动的基础。

因此我们可以说，道德错误不是逻辑错误，但是引起逻辑错误的原则，必然不能被当作正确的道德原则。如果一个原则会引起自相矛盾，那么我们既难以在现实生活中实践这个原则，也没法首尾一致地坚持这个原则，或用理性去捍卫这个原则。如果说逻辑在格沃斯的推理中仅仅是用来判定道德而非决定道德，那么道德从何而来呢？为什么我们把 PGC 当成是一个道德最高原则呢？实际上，PGC 之所以是道德原则，是因为它帮助捍卫了人的能动性的必要前提条件（即人人都必需的基本自由和福利），进而捍卫了我们的能动性。正是这一点使得它成为道德原则，而不招致逻辑矛盾仅仅是一种形式检验。

二、PGC 是不是空洞的

虽然格沃斯宣称自己的 PGC 是一个兼具形式和内容的原则，但 PGC 在实际执行中仍不免空洞，在指导行为上有时候并不比康德的绝对律令更加有效。例如在著名的电车困境中，格沃斯的 PGC 并不能立刻告诉我们应该如何行动。电车司机是袖手旁观等着电车撞上三个人还是转弯撞上一个人呢？PGC 要求 PPA 不伤害任何 PPA 的基本自由和福利，因此从表面上看，电车司机最好是袖手旁观。因为一旦转弯，电车司机就成为剥夺一个人的基本自由和福利的凶手了。如果电车司机任由电车前进，那么虽然三个人的基本自由和福利受损，但这并非电车司机的责任。这是一种思路，但是这样做明显会违反直觉。我们可以进一步追问，如果可以避免一种局面的发生却不采取任何行动，那么实际上这种袖手旁观的行为本身也是一种行为，这一行为的直接后果是导致三个人的基本自由和福利受到剥夺。虽然格沃斯认为我们应该撞一保三，但笔者认为如果要使得自己不陷入道德困境，那么似乎必须在 PGC 之外引入一条别的原则。假如我们加上一条功利原则，即在这种情境中应该避免最多的基本自由和福利遭到剥夺，那么这个原则加上 PGC 就能够明确要求电车司机转弯，但是 PGC 本身却不能给予这种明确的指导。

即使不是电车困境这样的例子，在较为普通的例子中，PGC 的指导作用也不总是尽如人意的。假设有人认为犹太人从来都不爱国，他们因总是寄居他国而产生了一种所谓的国际主义学说。利用这种学说，他们采取了一系列行动来阻止德国在第一次世界大战中获得胜利，并因此腐蚀了整个日耳曼民族的德性。鉴于此，犹太人应该被限制自由，甚至被处以极刑。一个真正的纳粹由于信奉这种观点而屠杀犹太人，是否为 PGC 所谴责呢？乍看起来答案很简单，因为 PGC 要求人们按照每个人的基本自由和福利所要求的那样去行动，所以屠杀犹太人是不对的。但是，如果战时法律宣称"叛国者应被处以极刑"，那么这条法律是否为 PGC 所批准呢？如果一些犹太人是叛国者，而且这种背叛导致了国家战败、民族堕落，那么这些人是否应该被处以极刑呢？

显然，回答这一问题需要更加卓越的思考。犹太人是否如纳粹所宣称的那样叛国需要进行事实认定，这一过程与道德没有关系。可以想象，如果犹太人真的是严重叛国者，那么 PGC 并不一定会立刻反对对其施以极刑。这时候个别犹太人变成了罪犯，他们的行为已经严重威胁到大多数人的基本自由和福利。前面的章节已经论述过，一个法官判处罪犯死刑，并不意味着法官剥夺罪犯的生命，而是如果公民犯罪，他/她就主动让渡了自己的生命权，就像一个人违背了游戏规则，自然被判罚出局一样——不是裁判导致其出局，而是他/她自己的行为导致其出局，裁判仅仅是标示出他/她违规，并实际上保证在他/她不配合的情况下将他/她带出场。因此，因犹太人叛国而诛杀他们，这本身可能为 PGC 所批准。当然，我们今天知道，将整个民族归为叛国者是野蛮且匪夷所思的，我们也不相信德国的大多数犹太人是叛国者。但是，PGC 可能并不能帮助我们裁定所有屠杀犹太人的纳粹都是违背道德的，只有那些明明知道犹太人并未叛国却故意散播谣言和仇恨的人是道德上恶的，其他纳粹则完全可能仅仅是愚蠢而非不道德的。

当然，公允地说，道德最高原则往往都较为空洞。如果它过于具体，能够精确指导我们的道德实践，那么它很难成为道德最高原则，而只可能是根据具体情况引申出来的次级原则。格沃斯的 PGC 推论的焦点还是在于说明道德最高原则何以可能，而非着力列举实践规矩。无论是义务论还是功利主义，抑或是美德伦理学或能力理论，就其最为抽象的原则而言，都不能立刻有效地指导实践，均需要根据具体的情境对原则进行进一步演绎和具体化，需要实践智慧帮助我们对情境性的信息进行处理。将 PGC 进一步推演和延伸，得出更多的更容易操作的次级原则，的确是未来格沃斯研究的重要课题之一。

三、道德激发力问题

格沃斯道德哲学有强烈的理性主义色彩，他的论述基本上排除了情感、态度等在道德推论中的作用。他将道德激发力建立在人对自己的实践性自我理解之上。如果人把自己理解成 PPA，那么他/她必然会按照 PGC 的要求去行动，去恶存善、惩恶扬善。但在实际生活中，我们注意到即使一个人从内在辩证慎思的角度，认识到自己作为主体必然应该按照 PGC 的要求去做，实际上他/她也可能常常不这么做。要贯彻PGC，一个人不仅要试图将自己理解为主体，还要将这种主体建构过程当成一个充分的理由去行动。一个人可以问，把自己理解为主体有什么好处呢？如果不把自己理解为主体，"我"可以得到更多的财富和荣誉，那么"我"为什么不这么做呢？"我"为什么要为了避免逻辑上的自相矛盾而放弃世俗快乐呢？

一位君主完全可能是一位马基雅维利主义者，他坚信一种特殊的功利原则：只要是有利于统治稳定的，一概去做。牺牲别人的基本善用以增加自己的附加善，虽然会导致自己的意志陷入自相矛盾，但这本身无关紧要。可见，PGC要真正激发人们去为善，还需要人们将其当作指导行为的重要理由，也就是说，主体有理由相信在意志中应当竭力避免自相矛盾。实际上，这意味着我们必须尊重理性的形式要求，将理性当作自我辩护、自我解释、自我建构的理由。而在这一点上，格沃斯的道德哲学并不能给我们充分的说明和指导。

尊重理性、信仰理性在人格中常常表现为一种教养。只有当其成为一种美德的时候，PGC才能真正地在现实中规范我们的意志，人才能真正地在生活中实现自己的主体性。人是一种特别的生物，唯独人可以对自己的行为进行解读，建构叙事，并且根据这种叙事来进一步规范和引导自己。当一个人懵懵懂懂地做事时，这可能是私人行为，但当他/她对自己的行为进行解读和辩护时，这必然又是公共行为，因为其所依赖的自我解读的语言必然是理性的，是可以传达，可以沟通，可以促成意见、态度和决定的。例如，如果人人都将自己看成有尊严者，那么他们的生活和行动都会在这一基石上被建构，并发展出独特的文明。这样的人与在丛林里互相鱼肉的人是完全不同的。在这一点上，我们可以说格沃斯道德哲学可以向美德伦理拓展。

对格沃斯道德哲学仍然可以做相当具体的讨论和延伸。在本书中，笔者将其同康德道德哲学做了初步对比。它与美德伦理学、功利主义伦理学甚至能力路径的可能联系，在未来都值得进一步研究。不过，我们不可能指望一个理论能够解决所有问题，每个理论都有自己的重心、长处和短板。格沃斯的焦点始终在于找到一个理性可辩护的道德最高原则，这项任务决定了其道德哲学的形式化和抽象化特点。也正因如此，他仅仅在形式方面谈论道德激发力,认为不道德的原则实际上会在意志中引起自相矛盾,而只有遵守道德,人才能不矛盾地将自己看成主体。

四、格沃斯的哲学可以被看作一种能力路径吗

格沃斯道德哲学特别强调能动性,这使得它与能力路径颇有共通之处。就理论发轫而言,能力理论早期主要作为一种经济学思路被提出,其后作为一种社会分配思路在政治哲学圈中产生了广泛的影响。相比之下,格沃斯的哲学工作从一开始就是在道德哲学建构方面努力,其后他的尊严观和权利论才在政治哲学中被发扬光大。这两个思路最为相似的一点是特别强调能动性的重要性,其规范性理论旨在保障和充分实现人的能动性。在格沃斯看来,基本自由和福利是能动性的基本前提,所以我们必须认同每个人都有基本自由和福利权。在能力主义者看来,保障实现福利的自由至关重要,因此每个人的这种自由都应该被充分保障。这意味着在养成(being)和实践(doing)能力两方面,每个人都应该获得一些基础性的支持。归根结底,格沃斯与能力主义者(例如阿马蒂亚·森和努斯鲍姆)都认同人实际上的能动性,即人可以按照自己的计划去追求理想生活的能力,是人之为人最为关键的生存内容。针对能动性的保障,他们都认同基本自由和福利的重要性。虽然他们在自由和福利的规范性顺序和具体的阐释上有诸多不同,但似乎其基本的思路大同小异。这是否意味着能力理论是一种格沃斯主义,或对格沃斯道德哲学可以做能力理论意义上的解释呢?

格沃斯的《理性与道德》一书于 1978 年出版,森的《商品与能力》(*Commodities and Capabilities*)一书于 1987 年出版,森的基本思路在 1980 年的文章《平等为何?》("Equality of What?")中也讨论过(Sen, 1980, Sen, 1987)。从时间上看,格沃斯的理论在先。格沃斯的理论与能力路径的确有不少交叉,其中努斯鲍姆作为格沃斯的同事,本身就非常熟悉格沃斯的工作。格沃斯专家马库斯·杜威尔和鲁特格尔·克拉森(Rutger Claassen)对能力路径与格沃斯的 PGC 推论进行了对比(Claassen and Düwell, 2013)。但是,如果深究能动性在这两种思路中的理论位置,就会发现实际上这两者有天壤之别。

首先，尽管能力理论和 PGC 推论都强调能动性是其规范性讨论的起点，但是前者将能动性本身当成是有内在价值的，一切资源的安排都应该围绕能动性的保障和实现进行，其考察的核心是分配问题。PGC 推论并没有把能动性本身当成规范性的内在基础，而是把人对能动性的内在辩证慎思当成规范性的基础，也就是说不是能动性本身规定我们应当如何行动，而是如果我们把自己看成主体，那么这种把自己当成 PPA 的特殊行为将规定我们应当如何行动。其次，在正义论讨论中，能力理论在操作中旨在寻找一种针对不同个体差异化的保障策略，每个人所需要的能够实现其预期功能的资源和自由都不尽相同，同等地保障人们的能力实现必然要求不同的资源分配方式。给男性和女性分配同样的口粮显然是不公正的，因为男性的基础代谢可能更高些。而在 PGC 推论中，对能动性的讨论并不是为了寻找差异化的资源分配路径，而恰恰是为了寻找最为普遍化的原则，既然最为基本的自由和福利是能动性所必需的，那么每个人都有基本自由和福利权。至于在现实生活中如何通过资源分配的方式来保障这种权利的实现，则是一个经验性问题，根据每个人不同的情况制定差异化分配策略是符合常识的。最后，在理论应用层面，PGC 推论的直接和间接应用指向了政府论，即说明了最小政府和帮扶政府的合法性来源问题，而能力路径则更多地指向政府治理，即如何制定符合正义原则的资源分配计划。

可见，尽管有不少相似之处，但能力路径与 PGC 推论在核心推论和推论的应用上都有非常不同的旨趣。当然，这并不意味着这两者不能进一步融通。如果我们追问能力主义者为什么能力如此重要，也就是追问为什么能动性本身有内在价值，那么能力理论或可诉诸格沃斯来解决规范性来源的问题。而当格沃斯的理论要进一步向政府治理延伸时，或可借鉴能力理论提供的思路来进行讨论。实际上，我们如果深入观察格沃斯的讨论，就会发现其与能力理论在实践角度都是要保障和实现人的能动性。根据 PGC，人人都有基本自由和福利权，更进一步，人人都有义务去组成一个社会，在这个社会中每个人的自由和福利都能得到进一步实现。就基本自由和福利而言，格沃斯并没有在社会学、经济学意义上讨论这一问题。他并没有讨论究竟什么标准是基本自由和福利的标准。格沃斯在此是在最一般的意义上讨论自由和福利的，即从工具理性角度出发，如果人要有目的性行为，要把自己理解为主体，那么他/她必然需要基本自由和福利。

至于在现实生活中究竟什么是基本自由和福利的标准，本身是一个开放的问题。它必然结合主观和客观两方面的考虑。一方面，我们要考虑主体主观上觉得必需什么才能保障其最一般的能动性；另一方面，我们要考虑这种必需在什么意义上有客观性。前文讨论过，一个没落贵族可能觉得只有吃鱼子酱和松露汤才能生存，但是客观上这可能只是口味偏好，其他简单的食物也能满足他/她的生存需要。格沃斯显然会认同一个成年男性得到的食物要比一个儿童得到的多些，因为较多的口粮对这个成年男性来说事关基本自由和福利，而对儿童来说则完全是富余的，基本善在此变成了附加善。因此笔者认为，如果我们进一步发展格沃斯的理论，那么是可能发展出类似能力路径的正义原则的。

五、格沃斯哲学的未来

自格沃斯道德哲学发表以来，赞誉和批评不断。迄今为止，格沃斯道德哲学研究显然没有康德道德哲学研究那样喧嚣，甚至不如能力理论在国际学界的影响力大，在中国则更是影响甚微。笔者认为这由诸多原因导致。格沃斯的工作初衷始终在道德哲学，其手法是分析的。虽然他试图努力割除康德道德哲学的形而上学，但是他自己的工作本身就细节而言仍然是晦涩的。要想充分把握其思路，需要将他的哲学放入文献语境中进行综合考察。而这么做又常常令人感到其说理有窒息感，可以批评和重建的空间不大。虽然他高足甚多，但是真正严格继承他的理论的不多，因此没能在北美凝聚起一群人来发展他的道德哲学。这当然也与他的兴趣有关，他后期的精力被完全投入人权研究的工作中，其道德哲学工作现在看来是为其人权理论奠基。

格沃斯在人权领域的影响是巨大的，他的人权观比他的道德哲学工作更流行。另外，格沃斯道德哲学似乎并不符合时代的趣味，他对绝对普遍道德原则的坚守显得有点死板。不过，正如谢菲尔德大学法学教授德里克·贝勒费尔德所说："在一个道德相对主义愈发流行、理性遭到不断怀疑的年代，艾伦·格沃斯的著作彰显了一种毫不妥协的理性主义精神。"随着全球化的不断发展，我们似乎对普适性的道德原则的兴趣不断下降，人们热衷于在此问题上持解构而非建构的态度。人们越来越在意描述发生了什么，而对理论的建构，尤其是道德理论的建构的兴趣持续衰减。道德哲学研究越来越像人类学研究，学者更乐意从历史、文化乃至动物进化的知识出发，试图描述道德现象是什么，并有一种将这种描述当成道德本身的倾向。

根据这种范式，道德通常呈现出一种发展、变化的特质，有时空敏感性，这与我们理解的那种道德形而上学的气质已经相去甚远了。这种改变本身有利有弊。好处在于我们不再将道德看成头脑中的想象，能够沉静下来观察道德行为，并因此积累大量关于道德的经验知识。虽然这些知识本身未必是道德知识，但是它们对于研判人的处境、规范人的道德行为，有举足轻重的作用。拉图尔（Latour，2005）显然做了这样的工作，他特别强调描述的优先性，因此重视道德行动是如何在不同的参与者（包括人和物等）的参与下完成的。近年来随着技术哲学经验转向蓬勃发展起来的道德物化学说是又一例证。道德物化学说承袭现象学传统，因之也特别重视对人的经验形成的描述。其核心思路是认为我们不仅要把人看成主体，也要考虑物的道德能动性问题（Achterhuis，1995；Verbeek，2011）。当今社会人与技术人工物高度交融，如果还是简单地强调人的能动性而忽视物在道德决策中的重要作用，我们的道德哲学考察就会变得陈旧、不合时宜。

随着人类道德生活的不断变化，我们的确有必要进行大量描述性的工作，拓展道德哲学的思路。但道德哲学的完全科学化实际上也就慢慢消解了道德问题，使得道德问题被还原成了社会治理问题。从康德到格沃斯，我们受益最大的一点是，道德问题之所以如此重要，恰恰是因为对道德的追问本身是人自我建构的过程。人应该是什么、可以是什么，在很大程度上是在对道德是什么的追问中得到解答的。人是一个自我建构的主体，其存在先于其本质，也正因此，人是一个非常丰富的存在者。道德哲学研究因此无论如何都不是一项纯粹的认识论活动，而是一项重要的生存论活动，是人完成自我的活动。可见，如果我们将道德哲学研究方法充分科学化，那么虽然我们使得道德呈现了与时俱进的特征，但是我们却将人本身封闭了起来，无法再通过道德哲学考察去建构人、想象人。这将是重大损失。因为人之为人的根本，在笔者看来，就是进行自我规范性想象的能力，这种能力使得人得以不断地自我超越，也正是这个过程彰显了人的主体性。

对一个学说的影响力和价值进行公允评价总是比较复杂的。我们不能简单地说哪个学说知名度高哪个学说就更胜一筹，知名度与声誉毕竟不能简单等同。知名度不高更不代表没有重要的学术价值，不值得专门介绍和研究。康德的《纯粹理性批判》和休谟的《人性论》在初版时应者寥寥，但后来被证明是伟大的著作。格沃斯的道德哲学论证十分严谨，思路细密，读起来十分费力，极难在其基础上进一步拓展。格沃斯之后的哲学工作者大都把精力集中于澄清、介绍和进一步引申应用格沃斯哲学，对其学说进行颠覆性解读的尝试目前看来都并不太成功。英国杜伦大学教授贝勒费尔德和伦敦国王学院教授罗杰·布朗斯沃德（Roger Brownsword），荷兰乌得勒支大学教授马库斯·杜威尔试图将格沃斯的道德哲学，尤其是人的尊严概念应用到生命伦理学的讨论中去，取得了巨大的国际学术声誉（Beyleveld and Brownsword，2001；Düwell，et al.，2008；Sollie and Düwell，2009；Düwell，2012）。

格沃斯的学生罗杰·皮隆（Roger Pilon）是美国保守派五大智库之一卡托研究所的副主任，他发展了一套自由主义的格沃斯的权利论，产生了广泛影响（Pilon，1978；Pilon，1982；Pilon，1992）。格沃斯的理论也被广泛应用在有关动物权利、堕胎和残疾人权利等的讨论中（DeGrazia，1998；Thompson，2015；Stevenson，2016）。的确，格沃斯的道德哲学是其人权哲学的基础，而在人权哲学领域，格沃斯毫无疑问是一个人尽皆知的著名学者。也就是说，格沃斯人权哲学的应用常常受到追捧，但是其基础性理论则相对受到冷遇，这不能不说是一件十分遗憾的事。也正因如此，笔者觉得特别有必要系统地介绍其基础理论。

要想更加全面、公允地评价格沃斯的工作，必须把他的努力放在道德哲学史中进行衡量，这是一项亟待完成的工作。虽然他的工作或许并不比其他的道德哲学流派更加优越，但是我们必须看到其理论卓越的创造性和新意。格沃斯道德哲学从一定角度讲是康德道德哲学的一个变种，其根本气质、旨趣和方法都有康德道德哲学的影子。但是格沃斯道德哲学又具有当代分析哲学的特征，一方面重视逻辑分析力量，另一方面竭力割除形而上学，使得其讨论始终扎根在逻辑和经验之中。通过缜密的演绎和归纳，调动基本常识性的经验，格沃斯循循善诱地揭示了一个主体如何因主体性之故而必然将自己理解为一个道德存在者，遵循 PGC 对其意志的绝对约束。

因此，将格沃斯的工作本身看作对康德道德哲学的继承和发展，并不是无根源的灵光乍现。虽然他的工作初看起来是为了标识出道德最高原则，但是通读其作品，他最为杰出的洞见在于探索主体性问题，也就是人之为人的那种能力。人与动物不同，其是一种不断自我解释、自我建构和自我调适的存在者。对自己做什么样的自我理解，才能让自己具备内在的统一性，继而成为一个主体呢？格沃斯无非想说一个人一旦意识到自己是主体，并且发动理性理解自己是主体，就必然会注意到 PGC 对自己的绝对规范性，他/她也才真正成为完整的主体。在格沃斯这里，道德最终成了一个人的内在需要，是一个主体进行实践性自我理解的必然结果。人是主体，将自己看成一个主体的过程就是拥抱道德的过程。因此，道德就是人，人也必然是道德的。一言以蔽之，"仁者人也"。

此外，前文已经介绍过，格沃斯的理论已经被广泛应用在对生命伦理问题的考察中，但当前的努力仍然主要停留在简单应用上。荷兰知名技术哲学家菲利普·布瑞（Brey, 2010）早在十多年前就指出，科技伦理研究要进一步深入发展，就需要整合经典伦理资源，结合新技术情境做创造性拓展。这意味着我们不能仅仅通过简单套用"尊严""权利"等旧有资源来分析技术现实，还要仔细描述技术与旧有资源之间的互动甚至是互构，进而建构一种具有技术时代特征的科技伦理基础理论。这一理论和经典道德哲学有交集，但不完全相同。格沃斯道德哲学的核心概念与康德道德哲学有很多重叠，都强调理性、自由作为道德原则的基础，但格沃斯的道德推论更加鲜明地强调了道德是一种"实践性自我理解"，强调每一个人，只要把自己当作 PPA，就都能认识到道德最高原则。因此，格沃斯的理论一定程度上降低了伦理慎思的门槛。普通人既不需要像功利主义者那样去理解复杂的功利计算，也不需要把握为什么人应该为义务而义务。在面对伦理困境时，格沃斯的理论或许更能帮助普通人做判断。

在深度科技化时代，我们仍需要进一步对格沃斯的理论做改造。延续布瑞的提示，我们需要追问技术是如何调节我们的实践性自我理解的，并在此基础上进一步对格沃斯伦理学做技术伦理拓展。在格沃斯道德哲学的语境下，这势必需要进一步研究技术如何调节我们理解自己的目的性。生活在技术情境中，很多目的的形成与技术的调节和塑造有关。塞尔（Searle，1983）指出，人可以在行动中，在与物质情境的交互中生成新的意向性/目的（intention in action），认知考古学家马拉福睿斯（Malafouris，2013）则指出，人特有的目的性行为——抽象的数数能力——是从人与陶土技术的互作中逐渐形成的。可见，技术如何调节我们的目的性活动需要得到澄清。

另外，就格沃斯所谈论的基本自由和福利而言，其内涵将随着人类社会的深度技术化而不断变化。尤其是随着脑机接口、基因编辑技术的发展，人类正在迈向后人类社会，身体的赛博格化是其重要的特征。在这种情况下，PPA所必需的基本自由和福利会发生变化，自由和福利这组概念的内涵本身也可能发生深刻的变迁。最后，我们要描述并试图理解在深度科技化时代，在一个认知功能甚至是道德功能——正如荷兰学派道德物化理论所倡导的那样——都被不断外包给技术的时代，人的实践性自我理解能力将如何受到技术的调节和影响。未来，解决以上问题，将会完成布瑞提到的建构科技伦理基础理论的工作。

至此，笔者已经完成了对格沃斯工作的介绍和反思。笔者的初衷并不是提供一个格沃斯著作的翻译版本，任何人要想严肃地学习格沃斯道德哲学，都应该细致地阅读原著。笔者在这里试图将格沃斯最为艰深的论述提炼出来，在反思和批评的背景下对其思路进行整理和澄清。这种专题性考察的工作能够更加集中围绕问题发力，有针对性地做繁密的论证和辩护。从第二章到第十章，笔者在每一章章首都对本章论述重点进行了概述，在章尾都做了简短的总结，以期读者能够更加快速地进入阅读，把握核心讨论。

附录：艾伦·格沃斯（1912—2004），
挑战黄金法则的理性伦理学家[*]

王小伟　译

哲学家艾伦·格沃斯表明了伦理学的黄金法则可能无效。与此同时，在道德相对主义盛行的时代，他仍然说服了很多人相信道德仍然可以建立在理性的磐石上。格沃斯从2004年1月16日起一直在奥克朗的基督医疗中心住院。2004年5月9日星期日晚因结肠癌转移并发症引起的心力衰竭与世长辞，享年91岁。格沃斯在芝加哥大学的职业生涯超过60年。在他去世的时候，他是哲学系爱德华·卡森·沃勒（Edward Carson Waller）杰出荣休教授。

"在一个道德相对主义愈发流行、理性不断遭到怀疑的年代，艾伦·格沃斯的著作彰显了一种毫不妥协的理性主义精神，"《道德的辩证必要性：为格沃斯辩护》一书的作者德里克·贝勒费尔德说，"尽管哲学圈对于原创性的理论常常很保守，但格沃斯的作品因其严谨的学术性、细节丰富的推理和开放的态度赢得了极大的敬意。"

芝加哥大学恩斯特·弗罗因德（Ernst Freund）法学与伦理学杰出贡献教授玛莎·努斯鲍姆说，格沃斯通过将人权与能动性联系起来，为人权进行了严谨的哲学辩护。他的工作帮助不同领域的人理解了权利为何如此重要，为什么社会权利和经济权利必须与公民权利和政治权利联系起来。他的工作影响范围很广，不仅影响了学者，也触及了社会活动家和政策制

---

[*] 原文转自芝加哥大学网站的格沃斯纪念专栏：http://chronicle.uchicago.edu/040527/obit-gewirth.shtml

定者。

格沃斯对黄金法则进行了批评，认为黄金法则使得正义难以实现。如果你坚持"己所不欲，勿施于人"，那么一个小偷可能会反问法官："如果你不想进监狱，那么你怎么能把我送进监狱呢？"黄金法则无法回答这种诘问。格沃斯认为自己的理论能够提供更具普遍性的道德原则。

格沃斯的工作旨在寻求至高无上的道德原则，它开始于研究笛卡儿的"我思"问题。这包括一篇仍在印刷和讨论中的重要文章，一本关于帕多瓦的马西利乌斯的自然法和政治哲学的书以及对他的作品的翻译——这两本重要的图书正在出版中。这些工作最终发展成了他最为人所知的伦理理性主义理论。在对帕多瓦的马西利乌斯的研究中，格沃斯已经非常注意人的需求问题，后来他将其发展为最高道德原则，即所谓的普遍一致性原则（PGC），根据这一原则，所有 PPA 都有保障其基本能动性的不可被剥夺的权利。

因此，格沃斯自己的黄金法则是："总是按照你和他人平等的普遍权利所要求的那样去行动。"他认为，任何人反对 PGC，从自己内在辩证慎思的角度出发都会使自己陷入自相矛盾。拒斥 PGC 意味着一个 PPA 拒斥自己的能动性。这一点同笛卡儿有关存在的讨论十分类似。笛卡儿认为人不能否认自己的存在，因为否认本身预设了自己的存在。格沃斯的进一步论证受益于帕多瓦的马西利乌斯，格沃斯认为，个体利益与公共善之间并不是对立的而是相互支持的。他在 1996 年出版的《权利的社群》一书中系统地表达了这一观点。格沃斯还有一本临终尚未完成的书《人权与全球正义》（*Human Rights and Global Justice*）。在此书中，他试图将自己建构的原则置于全球背景下进行讨论。他的作品试图在理性与爱之间、自我与他人之间获得统一。他在 1998 年出版的《自我实现》一书中表达出人类可以不依靠宗教信仰克服罪恶的乐观主义。"但是，"贝勒费尔德说，"他的哲学并不是一种幼稚的期待。他的哲学是一种希望哲学，这一哲学将责任和义务置于人类的行为之中。"

对于个体能动性的热忱贯穿格沃斯的人生和事业。1912 年 11 月 28 日感恩节，格沃斯出生于伊利诺伊州曼哈顿的伊西多尔。他的母亲是露丝·李·格沃斯，父亲是希曼·格沃斯——一名墙纸工。他在西霍博肯

(West Hoboken)、联合山（Union Hill）、彼得森(Paterson) 和西纽约(West New York) 长大。11 岁时，因在校园里被玩伴嘲笑为小笨蛋，他回到家中向父母宣布，他将改名为艾伦。这个名字取自史蒂文森（Robert Louis Stevenson）的小说《绑架》（*Kidnapped*）中艾伦·布雷克（Alan Breck）这一具有无所畏惧个性的人物①。这个经历培养了他无论做什么都非常有决心的个性。格沃斯于 1930 年 1 月作为毕业生代表和年鉴编辑毕业于纽约西部的纪念高中。他还撰写了剧本，并在其中扮演主角。格沃斯本科毕业于哥伦比亚大学。1934 年，他在本科三年级时被选入优等生协会，并写了一篇长达 70 页的关于亚里士多德伦理道德哲学的论文。他的那位非常挑剔的老师因此给了他一个罕见的 A－。受学术要求苛刻的亚里士多德学者理查德·麦基翁（Richard McKeon）的启发，格沃斯成为一名哲学家。在哥伦比亚大学进行研究生学习两年后，他在 1936—1937 年受到圣人奖学金资助在康奈尔大学交换学习，之后到芝加哥大学担任当时很有名气的麦基翁的助理——麦基翁比罗伯特·梅纳德·哈钦斯（Robert Maynard Hutchins）② 早一年被邀请到芝加哥大学。1942 年 6 月，格沃斯应召入伍，四年荣升上尉。1946—1947 年，格沃斯受到《美国军人权利法案》③的支持在哥伦比亚大学学习，并于 1948 年获得博士学位。自 1947 年以来，格沃斯一直在芝加哥大学任教。

格沃斯在其职业生涯中扮演了几代学生的老师和导师的角色，他的学生包括美国著名作家、评论家苏珊·桑塔格（Susan Sontag）和知名哲学家理查德·罗蒂（Richard Rorty）。格沃斯作为一名教师的职业生涯几乎没有中断地跨越了 80 年，他在同行中以严格的自律著称。他的父亲曾梦想成为音乐会的小提琴手，格沃斯似乎继承了这一梦想，很小年纪便开始

---

① 《绑架》是由苏格兰作家罗伯特·路易斯·史蒂文森撰写的历史题材冒险小说，首次发表在《青年民俗》杂志上。其针对的读者主要是少年儿童。小说中的人物大都为历史上的真实人物。

② 罗伯特·梅纳德·哈钦斯是著名教育哲学家，1927—1929 年任耶鲁大学法学院院长，1929—1945 年任芝加哥大学校长。

③ 《美国军人权利法案》，即 1944 年退伍军人权利法案，为了安置第二次世界大战后的退伍军人，美国国会于 1944 年通过了这项法案。其包括由失业保险支付的经济补贴、家庭及商业贷款优惠，以及针对高等教育及职业训练的各种补贴。该法案由美国退伍军人协会推动实施。

了学习。父亲在格沃斯四五岁时就在曼哈顿寻找最好的小提琴教师给格沃斯上课，并教会年幼的格沃斯如何乘坐渡轮和地铁前往西区上课。格沃斯的父亲晚上下班回家时对格沃斯母亲说的第一句话常常是："他练琴了吗?!"大约在十一二岁时，格沃斯开始在家里的公寓给小孩上音乐课。作为哥伦比亚大学的本科生和研究生，他继续教授小提琴，并担任哥伦比亚大学管弦乐团的首席小提琴手。在芝加哥大学，作为麦基翁的助手，他在哈钦斯聘期内为芝加哥大学本科生开发并教授了很多传奇性的跨学科课程。1997年，在芝加哥大学从教50年后，他成为当时新组建的"人权计划"的董事会成员，为此他开发并教授了其主要课程"人权 I：哲学基础"。本科生、研究生都可以选修这门课程。大家对格沃斯的这门课程的评价很高。此后他又连续多讲了三年，旨在为蓬勃发展的"人权计划"募集前期经费。"目睹这位经验丰富的教师精心准备又一门新课程，向一代又一代学生传授新材料和新想法，这本身就十分令人振奋。"他的妻子琼·莱夫斯（Jean Laves）回忆说。

格沃斯在美国和海外一共完成了五本书、数篇博士论文、约150篇期刊文章和评论。格沃斯在一生中获得了许多荣誉。他曾当选为美国艺术与科学学院院士、美国哲学学会西部分会主席（1973—1974年）、美国政治和法律哲学学会主席（1983—1984年），两次赢得洛克菲勒基金会基金支持，两次获取美国人文科学高级基金支持，并曾获得古根海姆基金会基金支持。他还获得过尼古拉斯·默里·巴特勒奖（Nicholas Murray Butler Medal，哥伦比亚大学）和戈登·J. 莱恩奖（Gordon J. Laing，芝加哥大学）。他被邀请开办过多场专门讲座，在诸多编辑委员会中担任顾问，并在哈佛大学、密歇根大学、约翰·霍普金斯大学和加利福尼亚大学圣塔芭芭拉分校担任客座教授。

努斯鲍姆作为格沃斯的同事，在纪念格沃斯的活动上发表了讲话："作为法律哲学研讨会的正式成员，格沃斯总是最仔细地阅读材料的人，他总是有非常深刻的批评意见。我还记得他作为法官的角色在我们'风的传人'（Inherit the Wind）戏剧朗读活动中的非凡表现。在其中，理查德·波斯纳（Richard Posner）法官扮演愤世嫉俗的门肯（H. L. Mencken）。"①

1942年，格沃斯与珍妮特·亚当斯（Janet Adams）结婚，并于1954年离婚。1956年，格沃斯娶了马塞拉·提而顿（Marcella Tilton），她于1992年去世。格沃斯于1996年再婚。他有5个亲生子女，分别是加利福尼亚州洛杉矶的詹姆斯（James）、新泽西州利堡的苏珊·库马尔（Susan Kumar）、伊利诺伊州厄巴纳的安德鲁（Andrew）、北卡罗来纳州达勒姆的丹尼尔（Daniel）和托兰的利蒂希亚·奈格斯（Letitia Naigles）。他还有一个继子，即纽约伊萨卡的本杰明·赫利（Benjamin Hellie）。格沃斯有五个孙辈。他的兄弟纳撒尼尔·盖奇（Nathaniel L. Gage）住在加利福尼亚州斯坦福。

---

① 《风的传人》是杰尔姆·劳伦斯（Jerome Lawrence）和罗伯特·E. 李（Robert E. Lee）于1955年首演的美国戏剧。该剧演绎了美国知名的"斯科普斯猴子审判"（Scopes Monkey Trail）。该案的正式名称为田纳西州诉约翰·托马斯·斯科普斯案。1925年7月，高中教师斯科普斯因在国家资助的学校中教授人类进化论而被指控违反田纳西州法律。

简写词表

PPA（Prospective, Purposive Agent），主体、能动者、施为者

PPAO（Other Prospective, Purposive Agent），其他主体、能动者、施为者

F&W（Freedom and Wellbeing），自由和福利

PGC（Principle of Generic Consistency），普遍一致性原则

LPU（Logical Principle of Universalizability），逻辑普遍性原则

SRO（Self-referring Ought），自我指涉的应当

ASA（Argument for the Sufficient of Agency），能动性充分条件的论证

CI（Categorical Imperative），绝对律令

HI（Hypothetical Imperative），假言律令

参考书目

格沃斯,钟夏露,孙雨菲. 作为权利基础的人的尊严. 中国人权评论, 2015 (2): 153-164.

甘绍平. 人权论证的绝对主义与相对主义进路. 哲学动态, 2013 (8): 5-19.

李建会,王小伟. 道德的规范性证明:从康德到格沃思. 当代中国价值观研究, 2017, 2 (2): 100-107.

李剑. 格沃斯:"所有权利都是积极的吗?". 哲学动态, 2004 (6): 42.

李景林. 孟子的"辟杨墨"与儒家仁爱观念的理论内涵. 哲学研究, 2009 (2): 36-45, 128.

杨谦. 理想人格与成人之道:孔孟人格论再议. 道德与文明, 2004 (4): 23-26, 46.

王小伟. 能动性与格沃思道德哲学. 世界哲学, 2018 (1): 122-130.

王小伟,李建会. 论格沃斯基于辩证必要性的道德哲学. 北京师范大学学报(社会科学版), 2018 (1): 114-120.

张鹏伟,郭齐勇. 孟子性善论新探. 齐鲁学刊, 2006 (4): 16-20.

Allen, Paul, Ⅲ, "A Critique of Gewirth's 'Is-Ought' Derivation," *Ethics* 92, no. 2 (1982): 211-226.

Allison, Henry E., *Kant's Groundwork for the Metaphysics of Morals: A Commentary* (Oxford: OUP Oxford, 2011).

Ames, Roger T., *Confucian Role Ethics: A Vocabulary* (Hong Kong: The Chinese University of Hong Kong Press, 2011).

Annas, Julia, *The Morality of Happiness* (New York: Oxford University Press, 1993).

Anscombe, G. E. M., "Modern Moral Philosophy," *Philosophy* 33, no. 124 (1958): 1-19.

Aune, James Arnt, "'Only Connect': Between Morality and Ethics in Habermas' Communication Theory," *Communication Theory* 17, no. 4 (2007): 340-347.

Ayer, Alfred Jules, *Language, Truth and Logic* (New York: Dover Publications, 2012).

Bauhn, Per, *Gewirthian Perspectives on Human Rights* (New York: Routledge, 2016).

Beitz, Charles R., *The Idea of Human Rights* (New York: Oxford University Press, 2011).

Berlin, Isaiah, *Four Essays on Liberty* (New York: Oxford University Press, 1969).

Beyleveld, Deryck and Brownsword, Roger, *Human Dignity in Bioethics and Biolaw* (New York: Oxford University Press, 2001).

Beyleveld, Deryck and Pattinson, Shaun, "Precautionary Reason as a Link to Moral Action," in *Medical Ethics*, ed. Michael Boylan (New Jersey: Prentice-Hall, 2000), pp. 39-53.

Beyleveld, Deryck, "Gewirth versus Kant on Kant's Maxim of Reason: Towards a Gewirthian Philosophical Anthropology," in *Gewirthian Perspectives on Human Rights*, ed. Per Bauhn (New York: Routledge, 2016), pp. 23-39.

Beyleveld, Deryck, "Korsgaard v. Gewirth on Universalization: Why Gewirthians are Kantians and Kantians Ought to be Gewirthians," *Journal of Moral Philosophy* 12, no. 5 (2013): 1-24.

Beyleveld, Deryck, *The Dialectical Necessity of Morality: An A-*

nalysis and Defense of Alan Gewirth's Argument to the Principle of Generic Consistency (Chicago: University of Chicago Press, 1992).

Boylan, Michael, *Gewirth: Critical Essays on Action, Rationality, and Community* (Lanham, Md: Rowman & Littlefield Publishers, 1999).

Brey, Philip, "Philosophy of Technology after the Empirical Turn," *Techné: Research in Philosophy and Technology* 14, no. 1 (2010): 36 - 48.

Carnap, Rudolf, "The Elimination of Metaphysics Through Logical Analysis of Language," in *Logical Empiricism at Its Peak: Schlick, Carnap, and Neurath*, ed. Sahotra Sarkar (New York: Routledge, 1996), pp. 10 - 32.

Claassen, Rutger and Düwell, Marcus, "The Foundations of Capability Theory: Comparing Nussbaum and Gewirth," *Ethical Theory and Moral Practice* 16, no. 3 (2013): 493 - 510.

Dawkins, Richard, *The Selfish Gene* (New York: Oxford University Press, 2016).

DeGrazia, David, "Animal Ethics Around the Turn of the Twenty-First Century," *Journal of Agricultural and Environmental Ethics* 11, no. 2 (1998): 111 - 129.

Donnelly, Jack, *International Human Rights* (New York: Avalon Publishing, 2012).

Duffy, Regis A. and Gambatese, Angelus, *Made in God's Image: the Catholic Vision of Human Dignity* (Mahwah, NJ: Paulist Press, 1999).

Düwell, Marcus and Braarvig, Jens and Brownsword, Roger and Mieth, Dietmar, *The Cambridge Handbook of Human Dignity: Interdisciplinary Perspectives* (Cambridge: Cambridge University Press, 2014).

Düwell, Marcus and Rehmann-Sutter, Christoph and Mieth, Dietmar, *The Contingent Nature of Life: Bioethics and the Limits of Hu-*

man Existence (Dordrecht: Springer Science & Business Media, 2008).

Düwell, Marcus, "Human Dignity and Human Rights," in *Humiliation, Degradation, Dehumanization*, eds. Paulus Kaufmann, Hannes Kuch, Christian Neuhaeuser and Elaine Webster (Dordrecht: Springer, 2011), pp. 215–230.

Düwell, Marcus, "Transcendental Arguments and Practical Self-Understanding: Gewirthian Perspectives," in *Transcendental Arguments in Moral Theory*, eds. Jens-Petre Brune, Robert Stern and Micha Werner (Berlin: De Gruyter, 2017), pp. 161–177.

Düwell, Marcus, *Bioethics: Methods, Theories, Domains* (New York: Routledge, 2012).

Dworkin, Ronald, "Rights as Trumps," in *Theories of Rights*, ed. Jeremy Waldron (Oxford: Oxford University Press, 1984), pp. 153–167.

Gert, Joshua, "Korsgaard's Private-Reasons Argument," *Philosophy and Phenomenological Research* 64, no. 2 (2002): 303–324.

Gewirth, Alan, "The 'Is-Ought' Problem Resolved," *Proceedings and Addresses of the American Philosophical Association* 47 (1973): 34–61.

Gewirth, Alan, "Are All Rights Positive?" *Philosophy & Public Affairs* 30, no. 3 (2001): 321–333.

Gewirth, Alan, "Are There Any Absolute Rights?" *Philosophical Quarterly* 31, no. 122 (1981): 1–16.

Gewirth, Alan, "The Basis and Content of Human Rights," *Nomos* 23 (1981): 119–147.

Gewirth, Alan, "The Epistemology of Human Rights," *Social Philosophy and Policy* 1, no. 2 (1984): 1–24.

Gewirth, Alan, "The Golden Rule Rationalized," *Midwest Studies in Philosophy* 3, no. 1 (1978): 133–147.

Gewirth, Alan, "Why Rights Are Indispensable," *Mind* 95, no. 379 (1986): 329–344.

Gewirth, Alan, "Why There Are Human Rights," *Social Theory and Practice* 11, no. 2 (1985): 235 - 248.

Gewirth, Alan, *Human Rights: Essays on Justifications and Applications* (Chicago: University of Chicago Press, 1982).

Gewirth, Alan, *Reason and Morality* (Chicago: University of Chicago Press, 1980).

Gewirth, Alan, *Self-Fulfillment* (Princeton: Princeton University Press, 2009).

Gewirth, Alan, *The Community of Rights* (Chicago: University of Chicago Press, 1996).

Glendon, Mary Ann, *A World Made New: Eleanor Roosevelt and the Universal Declaration of Human Rights* (New York: Random House Publishing Group, 2001).

Griffin, James, *On Human Rights* (New York: Oxford University Press, 2009).

Habermas, Jürgen, "The Moral and the Ethical: A Reconsideration of the Issue of the Priority of the Right over the Good," in *Pragmatism, Critique, Judgment: Essays for Richard J. Bernstein*, eds. Richard J. Bernstein, Seyla Benhabib and Nancy Fraser (Cambridge: MIT Press, 2004), pp. 2 - 29.

Harsanyi, John C., "Rule Utilitarianism and Decision Theory," *Erkenntnis* 11, no. 1 (1977): 25 - 53.

Hegel, G. W. F. and White, Alan (trans.), *Philosophy of Right* (Indianapolis/Cambridge: Hackett Publishing, 2015).

Hegel, G. W. F. and Wood, Allen W., *Hegel: Elements of the Philosophy of Right* (Cambridge: Cambridge University Press, 1991).

Hiskes, Richard P., *The Human Right to a Green Future: Environmental Rights and Intergenerational Justice* (Cambridge: Cambridge University Press, 2009).

Hobbes, Thomas and Brooke, Christopher, *Leviathan* (London: Penguin Classics, 2017).

Hohfeld, Wesley Newcomb, "Some Fundamental Legal Conceptions as Applied in Judicial Reasoning," *The Yale Law Journal* 23, no. 1 (Nov. 1913): 16–59.

Hudson, W. D, "Hume on Is and Ought," *The Philosophical Quarterly* (1950—) 14, no. 56 (Jul. 1964): 246–252.

Hudson, W. D., *Is-ought Question* (London: Palgrave Macmillan, 1969).

Huemer, Michael, *Ethical Intuitionism* (London: Palgrave Macmillan, 2007).

Hume, David, *A Treatise of Human Nature* (New York: Dover Publications, 2012).

James, Baillie, *Routledge Philosophy GuideBook to Hume on Morality* (New York: Routledge, 2000).

Johnson, Robert N., "Happiness as A Natural End," in *Kant's Metaphysics of Morals*, ed. Mark Timmons (Oxford: Oxford University Press, 2002), pp. 317–330.

Kalin, Jesse, "On Ethical Egoism", *American Philosophical Quarterly Monograph* 1 (1968): 26–41.

Kant, Immanuel and Gregor, Mary and Timmermann, Jens, *Immanuel Kant: Groundwork of the Metaphysics of Morals* (Cambridge: Cambridge University Press, 2011).

Kant, Immanuel and Guyer, Paul and Wood, Allen W., *Critique of Pure Reason* (Cambridge: Cambridge University Press, 1998).

Kateb, George, *Human Dignity* (Cambridge: Harvard University Press, 2011).

Korsgaard, Christine M., "Skepticism About Practical Reason," *The Journal of Philosophy* 83, no. 1 (1986): 5–25.

Korsgaard, Christine M., "Valuing Our Humanity," in *Respect: Philosophical Essays*, eds. Richard Dean and Oliver Sensen (New York: Oxford University Press, 2021).

Korsgaard, Christine M., *The Constitution of Agency: Essays on Practical Reason and Moral Psychology* (New York: Oxford University Press, 2008).

Korsgaard, Christine M. and O'Neill, Onora, *The Sources of Normativity* (Cambridge: Cambridge University Press, 1996).

Kroes, Peter, "The Moral Significance of Technical Artefacts," in *Technical Artefacts: Creations of Mind and Matter* (Dordrecht: Springer, 2012), pp. 163–194.

Krumbein, Frédéric, "P. C. Chang: The Chinese Father of Human Rights," *Journal of Human Rights* 14, no. 3 (2015): 332–352.

Latour, Bruno, *Reassembling the Social: An Introduction to Actor-Network-Theory* (New York: Oxford University Press, 2005).

Lau, Chong-Fuk, "Kant's Epistemological Reorientation of Ontology," *Kant Yearbook* 2, no. 1 (2010): 123–146.

Locke, John, *Two Treatises of Government* (London: Whitmore and Fenn and C. Brown, 1821).

Lovejoy, Arthur, *The Great Chain of Being: A Study of the History of an Idea* (New York: Routledge, 2017).

Lukes, Steven, "Marxism and Morality," *Capital & Class* 10, no. 2 (1986): 220–222.

Lutz, Christopher Stephen, *Tradition in the Ethics of Alasdair Macintyre: Relativism, Thomism, and Philosophy* (Maryland: Lexington Books, 2009).

Maagt, Sem de, "Korsgaard's Other Argument for Interpersonal Morality: the Argument from the Sufficiency of Agency," *Ethical Theory and Moral Practice* 21, no. 4 (2018): 887–902.

MacIntyre, Alasdair, *After Virtue: A Study in Moral Theory, Third Edition* (Indiana: University of Notre Dame Press, 2007).

MacIntyre, A. C., "Hume on 'Is' and 'Ought'," *Philosophical Review* 68, no. 4 (1959): 451–468.

Malafouris, Lambros, *How Things Shape the Mind: A Theory of Material Engagement* (Cambridge: MIT Press, 2013).

McCarty, Richard R., "Kantian Moral Motivation and the Feeling of Respect," *Journal of the History of Philosophy* 31, no. 3 (2008): 421–435.

Mill, John Stuart, "Utilitarianism," in *Seven Masterpieces of Philosophy*, ed. Steven M. Cahn (New York: Routledge, 2016), pp. 337–383.

Miller, Christian B., "Rorty and Moral Relativism," *European Journal of Philosophy* 10, no. 3 (2002): 354–374.

Morsink, Johannes, *The Universal Declaration of Human Rights: Origins, Drafting, and Intent* (Pennsylvania: University of Pennsylvania Press, 1999).

Murphy, Tim, "St Thomas Aquinas and the Natural Law Tradition," in *Western Jurisprudence*, ed. Tim Murphy (Dublin: Thomson Round Hall, 2004), pp. 94–125.

Narvaez, Darcia and Schore, Allan N., *Neurobiology and the Development of Human Morality: Evolution, Culture, and Wisdom* (New York: W. W. Norton, 2014).

Ni, Peimin, "Seek and You Will Find It; Let Go and You Will Lose It: Exploring a Confucian Approach to Human Dignity," *Dao* 13, no. 2 (2014): 173–198.

Nickel, James and Reidy, David A., "Philosophy," in *International Human Rights Law*, eds. Daniel Moeckli, Sangeeta Shah, Sandesh Sivakumaran and David Harris (New York: Oxford University Press, 2010), pp. 39–63.

Nietzsche, Friedrich, *On the Genealogy of Morality and Other Writings: Revised Student Edition* (Cambridge: Cambridge University Press, 2006).

Nozick, Robert, *Anarchy, State, and Utopia* (New York: Basic Books, 1974).

Nussbaum, Martha C., *Creating Capabilities: The Human Development Approach* (Cambridge: Harvard University Press, 2011).

Paton, H. J., *The Categorical Imperative: A Study in Kant's Moral Philosophy* (Pennsylvania: University of Pennsylvania Press, 1971).

Pilon, Roger, "Property Rights, Takings, and a Free Society," *Harvard Journal of Law & Public Policy* 6, no. 165 (1982): 189–194.

Pilon, Roger, "Freedom, Responsibility, and the Constitution: On Recovering Our Founding Principles," *Notre Dame Law Review* 68, no. 3 (1992): 507–548.

Pilon, Roger, "Ordering Rights Consistently: Or What We Do and Do Not Have Rights To," *Georgia Law Review* 13 (1978): 1171–1196.

Pogge, Thomas, *Freedom from Poverty As a Human Right: Who Owes What to the Very Poor?* (Paris: UNESCO, 2007).

Putnam, Hilary, *The Collapse of the Fact/Value Dichotomy and Other Essays* (Cambridge: Harvard University Press, 2002).

Quinn, Philip L., "Divine Command Theory," in *The Blackwell Guide to Ethical Theory*, eds. Hugh LaFollette and Ingmar Persson (Oxford: Blackwell Publishers, 2013), pp. 81–102.

Rawls, John, *The Law of Peoples: With "The Idea of Public Reason Revisited"* (Cambridge: Harvard University Press, 2001).

Raz, Joseph, "Human Rights Without Foundations," in *The Philosophy of International Law*, eds. John Tasioulas and Samantha Besson (Oxford: Oxford University Press, 2010).

Reath, Andrews, "Kant's Theory of Moral Sensibility. Respect for the Moral Law and the Influence of Inclination," *Kant-Studien* 80, no. 1–4 (2009): 284–302.

Regis, Edward, *Gewirth's Ethical Rationalism: Critical Essays with a Reply by Alan Gewirth* (Chicago: University of Chicago Press, 1984).

Rosen, Michael, "The Marxist Critique of Morality and the Theory of Ideology," in *Morality, Reflection, and Ideology*, ed. Edward Harcourt (New York: Oxford University Press, 2000), pp. 21–43.

Schilling, Dennis, "Reconsidering Human Dignity in a Confucian Context: A Review of Ni Peimin's Conceptual Reconstruction," *Dao* 15, no. 4 (2016): 619–629.

Schlick, Moritz, *Problems of Ethics* (New York: Prentice Hall, 1939).

Searle, John R., *Intentionality: An Essay in the Philosophy of Mind* (Cambridge: University of Cambridge Press, 1983).

Seay, Gary, "Fact and Value Revisited: Why Gewirth is Not a Cognitivist," *The Journal of Value Inquiry* 17, no. 2 (1983): 133.

Sedgwick, Sally, *Hegel's Critique of Kant* (New York: Oxford University Press, 2012).

Sen, Amartya, "Development as Capability Expansion," in *Development and the International Development Strategy for the 1990s*, eds. Keith Griffin and John Knight (London: Macmillan, 1990), pp. 41–58.

Sen, Amartya, *Commodities and Capabilities: Professor Dr. P. Hennipman Lectures in Economics, 1982 Delivered at the University of Amsterdam* (New York: Oxford University Press, 1987).

Sen, Amartya, "Equality of What?" in *The Tanner Lectures on Human Values Volumn* 1, ed. Sterling M. McMurrin (Cambridge: Cambridge University Press, 1980).

Sen, Amartya, "Well-Being, Agency and Freedom: The Dewey Lectures 1984," *The Journal of Philosophy* 82, no. 4 (1985): 169–221.

Sen, Amartya, *Development as Freedom* (Oxford: Oxford University Press, 1999).

Singer, Peter, "Famine, Affluence, and Morality," *Philosophy & Public Affairs* 1, no. 3 (1972): 229–243.

Sollie, Paul and Düwell, Marcus, *Evaluating New Technologies:*

Methodological Problems for the Ethical Assessment of Technology Developments (Dordrecht: Springer, 2009).

Steigleder, Klaus, *Grundlegung Der Normativen Ethik: Der Ansatz von Alan Gewirth* (Freiburg/München: Verlag Karl Alber, 1999).

Stevenson, Miriam, "Gewirthian Philosophy and Young Adults Who Have Down Syndrome," in *Gewirthian Perspectives on Human Rights*, ed. Per Bauhn (New York: Routledge, 2016), pp. 191–211.

Stiegler, Bernard, *Technics and Time: Disorientation* (California: Stanford University Press, 1998).

Stiegler, Bernard, *Technics and Time: The Fault of Epimetheus* (California: Stanford University Press, 1998).

Stratton-Lake, Philip, *Ethical Intuitionism: Re-evaluations* (Oxford: Oxford University Press, 2002).

Thompson, Jack Clayton, "You Can't Always Get What You Want: A Gewirthian Model of Rational Autonomy in Abortion," (HEAL Seminar Series, Southampton, England, November 25, 2015).

Timmons, Mark, *Moral Theory: An Introduction* (Maryland: Rowman & Littlefield Publishers, 2012).

Uleman, Jennifer K., *An Introduction to Kant's Moral Philosophy* (Cambridge: Cambridge University Press, 2010).

Verbeek, Peter-Paul, *Moralizing Technology: Understanding and Designing the Morality of Things* (Chicago: University of Chicago Press, 2011).

Verbeek, Peter-Paul, *What Things Do: Philosophical Reflections on Technology, Agency, and Design* (Pennsylvania: Penn State Press, 2005).

Wallace, R. Jay, "The Publicity of Reasons," *Philosophical Perspectives* 23, Ethics (2009): 471–497.

Watson, Gary, "On the Primacy of Character," in *Identity, Character, and Morality: Essays in Moral Psychology*, eds. Owen Flanagan and Amélie Oksenberg Rorty (Cambridge: The MIT Press, 1990), pp. 449-483.

Weiss, E. Brown, "Our Rights and Obligations to Future Generations for the Environment," *American Journal of International Law* 84, no. 1 (1990): 198-207.

Williams, Bernard, *Ethics and the Limits of Philosophy* (London: Routledge, 2011).

Winner, Langdon, "Do Artifacts Have Politics?" *Daedalus* 109, no. 1 (1980): 121-136.

Wittgenstein, Ludwig, "I: A Lecture On Ethics," *The Philosophical Review* 74, no. 1 (1965): 3-12.

Wittgenstein, Ludwig and Hacker, P. M. S. and Schulte, Joachim (trans.), *Philosophical Investigations* (New Jersey: Wiley, 2010).

Wong, David B., *Natural Moralities: A Defense of Pluralistic Relativism* (Oxford: Oxford University Press, 2009).

Zilioli, Ugo, *Protagoras and the Challenge of Relativism: Plato's Subtlest Enemy* (London: Routledge, 2016).

图书在版编目（CIP）数据

艾伦·格沃斯道德哲学研究/王小伟著． --北京：中国人民大学出版社，2024.5
（北京社科青年学者文库）
ISBN 978-7-300-32890-4

Ⅰ.①艾… Ⅱ.①王… Ⅲ.①艾伦·格沃斯-伦理学-研究 Ⅳ.①B825

中国国家版本馆 CIP 数据核字（2024）第 108728 号

北京社科青年学者文库
北京市社会科学界联合会、北京市哲学社会科学规划办公室项目
艾伦·格沃斯道德哲学研究
王小伟　著
Ailun·Gewosi Daode Zhexue Yanjiu

出版发行	中国人民大学出版社		
社　　址	北京中关村大街 31 号	邮政编码	100080
电　　话	010-62511242（总编室）	010-62511770（质管部）	
	010-82501766（邮购部）	010-62514148（门市部）	
	010-62515195（发行公司）	010-62515275（盗版举报）	
网　　址	http://www.crup.com.cn		
经　　销	新华书店		
印　　刷	唐山玺诚印务有限公司		
开　　本	720 mm×1000 mm　1/16	版　次	2024 年 5 月第 1 版
印　　张	14.75 插页 2	印　次	2024 年 5 月第 1 次印刷
字　　数	217 000	定　价	78.00 元

版权所有　侵权必究　　印装差错　负责调换